别让忧虑
谋杀你自己

戴尔·卡耐基 / 著

二十一世纪出版社集团
21st Century Publishing Group

图书在版编目（CIP）数据

别让忧虑谋杀你自己 / (美) 卡耐基著；牧村译. -- 南昌：
二十一世纪出版社集团, 2015.6

ISBN 978-7-5568-0826-7

Ⅰ.①别… Ⅱ.①卡… ②牧… Ⅲ.①焦虑—情绪—自我控
制—通俗读物 Ⅳ.① B842.6-49

中国版本图书馆 CIP 数据核字 (2015) 第 101309 号

别让忧虑谋杀你自己

戴尔·卡耐基 / 著

责任编辑　敖登格日乐
出版发行　二十一世纪出版社集团
　　　　　　（江西省南昌市子安路 75 号　330009）
　　　　　　www.21cccc.com　cc21@163.net
出 版 人　张秋林
经　　销　新华书店
印　　刷　北京汇林印务有限公司
版　　次　2015 年 8 月第 1 版　2018 年 4 月第 2 次印刷
开　　本　880 mm × 1230 mm　1/32
印　　张　9.5
字　　数　190 千
书　　号　ISBN 978-7-5568-0826-7
定　　价　25.00 元

赣版权登字—04—2015—398
如发现印装质量问题，请寄本社图书发行公司调换 0791-86524997

目 录

第二部　获得幸福的 7 种方法

第三部　根除忧郁症的特效药

第四部　预防疲劳的 6 种方法

第五部　他们是如何克服忧虑的

作者简介

戴尔·卡耐基，被誉为 20 世纪人类最伟大的人生导师，也是成功学大师。

卡耐基于 1888 年 11 月 24 日出生在美国密苏里州的一个贫苦农民家庭，是一个朴实的农家子弟，他的童年和其他美国中西部农村的男孩子并没有什么不同，他帮父母干杂事、挤牛奶，即使贫穷也不以为意。这或许是因为他根本不觉得自己家里很贫穷。在那个没有农业机械的年代，他和父亲同样做着那些繁重的体力活，而一年的辛劳却可能因为一场水灾而付诸东流，或者被骄阳晒枯了，或者喂了蝗虫。卡耐基眼见父亲因为这些永无终止的操劳而备受折磨，发誓决不拿自己的一生来和天气赌每年收成到底是如何。

如果说卡耐基的童年和其他农村男孩子有什么不同的话，那主要是受到他母亲的强烈影响。她是一名虔诚的教徒，在嫁给卡耐基的父亲之前曾当过教员。她鼓励卡耐基接受教育，她的梦想是让儿子将来当一名传教士或教师。

1904 年，卡耐基高中毕业后就读于密苏里州华伦斯堡州立师范学院。他虽然得到全额奖学金，但由于家境的贫困，他还必须参加各种工作，以赚取必要的生活费用。这使他感到羞耻，养成了一种自卑的心理。因而，他想寻求出人头地的快捷方式。在学校里，具有特殊影响和名望的人，一类是棒球球员，一类是那些辩论和演讲获胜的人。他知道自己没有运动员的才华，就决心在演讲比赛上获胜。他花了几个月的时间练习演讲，但一次又一次地失败了。失败带给他的失望和灰心，甚至使他想到自杀。然而在第二年里，他开始获胜了。

当时，他的目标是得到学位和教员资格证书，好在家乡的学校教书。

但是，卡耐基毕业后并没有去教书。他前往国际函授学校总部所在地丹佛市，为该校做推销员，薪水是一天两美元，这笔收入可以支付他的房租和膳食，此外还有推销的佣金。

尽管卡耐基尽了最大的努力，但是并不太成功，于是又改而推销肉类产品。为了找到这种工作，他一路上免费为一个牧场主人的马匹喂水、喂食，搭这人的便车来到了奥马哈市，当上了推销员，周薪为 17.31 美元，比他父亲一年的收入还要高。

虽然卡耐基的推销干得很成功，成绩由他那个区域内的第 25 名跃升为第一名，但他拒绝升任经理，而是带着积攒下来的钱来到纽约，当了一名演员。作为演员，卡耐基唯一的演出是在话剧《马戏团的波莉》中担任一个角色。在这次话剧旅行演出一年之后，卡耐基断定自己干戏剧这行没有前途，于是他又改回推销的老本行，为一家汽车公司推销汽车。

但做推销员并不是卡耐基的理想。

在他从事汽车推销时，他对自己的能力很怀疑。

有一天，一位老者想买车，卡耐基又背诵了那套"车经"。

老者淡淡地说："无所谓的，我还走得动，开车只不过是尝一尝新鲜劲，因为我年轻时曾梦想成为汽车设计师，那时还没有汽车呢……"

老者的一番话，慢慢吸引了卡耐基。他详细地和老者讨论起自己在公司的情况，后来他们的谈话又转到了人生的话题。卡耐基讲述了自己最近的烦恼："那天凌晨，对看一盏孤灯，我对自己说：'我在做什么，我的梦想是什么，如果我想要成为作家，那为什么不从事写作呢？'您认为我的看法对吗？"

"好孩子，非常棒！"老者的脸上露出轻松的笑容，继而说，"你为什么要为一个你不关心又不能付你高薪的公司卖命呢？你不是想赚大钱吗？写作，在今天也是个不错的选择呀！"

"不，老先生，放弃工作是不可能的，除非我有别的事可做。但是我能做什么呢？我有什么能力能让自己满意地赚钱和生活呢？"卡耐基问。

老者说："你的职业应该是能使你感兴趣，并发挥才能的。既然写作很适合你，为什么不试一试？"

这一句话，让卡耐基茅塞顿开。那份埋藏在胸中奔涌已久的写作激情，被老者的几句话给激活了。

于是，从那天起，卡耐基决定换一种生活。他要当一位受人尊敬、受人爱戴的伟大作家……

一个偶然的机会，卡耐基发现自己所在城市的青年会（YMCA）在招聘一名讲授商务技巧的夜大老师。于是他前去应聘，并且被录用了。

卡耐基的公开演说课程，不仅包括了演说的历史，还有演说的原理知识。除此之外，他还发明了一种独特而非常有效的教学方式。

当他第一次为学员上课时，就直接点名让学员谈他们自己，向大家讲述他们日常生活中发生的事。当一个学员说完以后，另一个学员接着站起来说，然后再让其他学员站起来说。这样，直到班上每一个学员都发表过简短的谈话。

卡耐基后来说："在不知道究竟该怎么办的情况下，我误打误撞，找到了帮助学员克服恐惧的最佳方法。"

从此以后，卡耐基这种鼓励所有学员共同参与的教学方法，成为激发学员兴趣和确保学员出席的最有效方法。虽然这种方法在当时尚无先例，也没有什么方法可以评定他这套方法的效果，但它确实奏效了，并且已经在全世界教出了许多更会说话且更有信心的人。

这一哲理的成功，可以从成千上万名毕业学员写来的信中得到证明。写这些信的学员有工厂工人、家庭主妇、政界人士、公司负责人、教师及传教士，他们的职业遍及了各行各业。

卡耐基于 1955 年 11 月 1 日去世，只差几个星期 67 岁。

追悼会在森林山举行，被葬在密苏里州他父母亲墓地的附近。

1955 年 11 月 3 日，华盛顿一家报纸刊载了下面这段文字：

那些愤世嫉俗的人过去常常揣测，如果每个人都接受并且遵照卡耐基的话语去做，那将会成什么局面？卡耐基先生在星期二去世了，他从来不屑于这些世故者的风凉话。他知道自己所做的事，而且做得极好。他在自己的书中和课程上，努力教导一般人克服无能的感觉，学会如何讲话、如何为人处世。

千百万人受到他的影响，他的这些哲理如文明一样古老，如"十诫"一般简明，对于人们在这个狂乱的年代里获得快乐和成就极有帮助。

第一部

认识你的敌人——忧虑

1. 人生最重要的是"此时、此刻"

1871 年春，有个年轻人看到一本书，偶然被一段文字深深吸引住，那对他的将来有莫大的影响。身为蒙特利综合医院实习医生的他，为了毕业而面临着问题，脑中盘旋着该选择何种诊疗项目、毕业后到何处去较好、要如何开业、生活怎么过等等烦恼。

该年轻人由于 1871 年偶尔看见的那段文字，不但成为当时最有名的医生，更创立了驰名世界的约翰·霍普金斯医学院，且荣获牛津大学钦定医学教授——英国的医学人士被授予的最高荣誉——而名声四扬。他荣获英王所赐的爵士爵位，去世之后，有两大本千余页的巨著专门介绍他的一生事迹。

他就是威廉·奥斯勒。他偶然看到的这段话，就是托马斯·卡莱尔所说的："不要去瞻望那些遥远而模糊的事，去做你身边的事就好了。"

42年后，在一个郁金香盛开的暖和春夜，威廉·奥斯勒对耶鲁大学学生演讲："身兼四所大学教授，著作亦博得好评的我，并非如一般人所想的是特别聪明的，以我最亲密的朋友来说，我其实是'最平凡'的人。"

那么，到底他成功的关键是什么呢？他自称他总是在"此刻"活得生气蓬勃。他的话是什么意思呢？在耶鲁大学演讲的数个月之前，奥斯勒搭乘豪华客轮横渡大西洋。他看见船长边喊"急转"，边按下电钮，机械发出嘎啦嘎啦的声响，转瞬间船的每一区域都被关闭——为使水流不进来而划分的。这给他莫大的启示，他对耶鲁大学的学生说：

"诸位都是比这豪华客轮还要优秀的有机体，你们将有长程的远行，起程之前，你应好好注意下列如何安全航海的方法。希望各位能调节自己，以便能够在'今天这一天'这个密闭的房间里生活下去。登上船，至少应检查一下大防水壁是否随时可以使用。在人生的每一阶段里，只要按下一个钮，便能听到隔壁'过去'——已经死亡的昨日。按另一个钮，就能截断'未来'——尚未诞生的明日。许多事情都是如此，只有今天是安全的。把过去推出去，关紧房门，让已经死了的过去埋葬了吧……把那些愚蠢的、失败的、已死亡的昨日赶出去，关牢房门……在昨日的重担之上，再添加明日的重担，即使是个强者也会举步维艰、不胜负荷的。对各位来说，'未来'就是'今天'，'明天'并不存在，拯救人类的日子就在今天。一切精力的浪费、精神的不安、内心的痛苦，只纠缠着担心未来的的人……所以要把前面、后面的防水壁紧紧地关住，然后你必须养成一个习惯：在你'今天这一天之中'度过你的人生。"

奥斯勒博士是说我们没有必要为明天准备吗？不，绝非如此。博士在那次演讲中说，为明天准备的最佳手段，是倾注诸君之所有智能及热情，在今天完成今日之事。这才算是为明天铺路。

奥斯勒博士以一句基督徒常用的祈祷词，来勉励耶鲁大学学生："请赐给我们'今日'所必须的衣食。"

要留心的是，这个祷告只有祈求"今日"的食物，并未抱怨昨天的老面包，更没祈求说："我的神啊，生产粮食的地区干涸了——这么一来，'明年'秋天要怎么做面包呢？神哪！我该如何才能获得面包呢？"

更明确地说，这个祷告是教我们只要求今天的面包，今天的面包才是我们唯一能吃到的面包。

很久以前，一位哲人巡回演说于穷乡僻壤，有一天，他面对群众，说出了贯通古今，历经九个世纪仍被引用的哲语："不要烦恼明天的事，明天自有明天的安排，只要把全副精力用在今天就行了。"

许多人或许觉得这位哲人耶稣所说："不要忧虑明天的事！"是难以实行的理想，他们说："我们不能不打算明天的事。为了保护自己的家人而不得不办保险，亦不能不为老年存钱，不得不努力于出人头地，不得不有所准备。"

我们是应该为明天而细心计划、准备，但却不应该担心。

战争时，将领们都为明日谋划，但是没有余暇去担心。指挥美国海军的厄耐斯特·金恩曾说："我所能做的就是尽可能提供最好的武器及装备，然后用于我认为最高明的作战任务之中，仅仅如此，就必须竭尽全力了。"

他又说："如果船舰被击沉，便不能挽回，我宁可把时间用在有希望的事务上，而不愿浪费于无益的追悔上。"

不管是战时或和平时代，积极与消极的分野就在这里。积极性的思考，能够看透因果关系，而往前迈进；消极性的观念，则会陷入紧张及神经衰弱。

我最近很荣幸地与举世闻名的《纽约时报》经营者海斯·舒伯格谈天。他说当第二次世界大战横扫欧洲时，他深陷焦虑中，对于未来十分惶恐，以致患了失眠症，屡次在深夜中跳下床，准备画布及画具，对着镜子作自画像。对绘画，他是门外汉，但为驱逐心中的不安，竟动起画笔了。若非偶然间看到一段话，他绝无可能消除心中的焦虑，而重获心灵的平安，这"走在寂寞的夜路——慈光歌"中的赞美诗拯救了他：

恳求慈光，导引脱离黑影，导我前行——

黑夜漫漫，我又远离家庭，夜尽天明——

夜尽天明，在曦光里重逢——

多年祈求，我心所爱的笑容——

大概就在同一时期，欧洲有一位年轻的军人泰德·班杰明也学到了同样的教训。他在饱受恐惧感折磨后患了神经症。他说：

1945 年 4 月，我因极度不安而患了所谓"痉挛性结肠炎"，深为所苦，若非战争实时结束，我想我必定彻彻底底地崩溃。

我累透了。当时我是陆军 94 步兵团的下士，担任记录伤亡官兵的工作，就是计算阵亡者、行踪不明者并整理这些有关的记录，以及掩埋阵亡将士的尸体，搜集他们随身携带的物品，寄给他们生前一心所系的父母及亲人。我不断被不安所吞噬，担心自己是否能活下去，能否再亲手抱一抱我的儿子——打从他出生 16 个月以来，尚未见过一面的儿子。由于心力交瘁，我的体重掉了 15 公斤。恐惧感使我几近疯狂。端详自己的双手，只见皮包骨。担心自己会崩溃，有时竟无法克制地像小孩般啜泣起来，软弱到只要一个人独处，便马上想哭。

最后我被安排到陆军的诊疗所中，由于一位军医的忠告，使我得到了转机。他彻底检查了我的身体后，告诉我说我的病只是精神上的："泰德，你把人生想成一个沙漏，在沙漏上方，有无数的沙子。这些沙子慢慢地，以一定的速度通过中央狭窄的部分漏到下方，没有人能使所有的沙粒一次通过中央瓶颈，只要静静地让这些沙子一粒一粒通过便行了，不管是你、是我，或其他的人，都要像这个沙漏一般，在一天之始，即使是有堆积如山等待处理的工作，但我们一次仍只能做一件事，就像沙漏的沙一般，只能慢慢地以一定的速度漏下一般；否则身心早晚是要崩溃的。"

自从由军医那儿听到"一次一粒沙……一次做一件工作"起，我便全心全意去实践这个哲学。由于他的忠告，我的身心都由战争的恐惧中获得解脱。以我现在印刷公司的广告宣传经理的工作来说，这句话也很受用。我发现可以把过去在战场体验的事物及同样的问题，应用在现在的工作上。亦即在面对堆积如山的问题时，是无法一次同时解决它们的。库存减少、新货的处置、新库存的分配、地址变更、开店及打烊……我不再让自己紧张兮兮，而是咀嚼军医告诉我的道理："一次一粒沙，一次做一件工作"这句话，然后使自己安定下来，干净利落地把工作逐件处理完，而不再有过去征战沙场濒临危险的种种慌乱感觉。

对我们现代人来说，有一种惊人的事实，显示了现在的生活是如何的错误。在美国，半数的医院病床被精神病患所占据。他们是因无法负荷过去及未来的重担而不支的。如果他们能注意耶稣的箴言："不要忧虑明天的事"，以及威廉·奥斯勒所说的："你只能生存在今天这一天之中"，便能使自己成为快乐的人，满意地度过一生了。

"现在"这一瞬间是一个特别的位置——消逝的过去与无限未来的分界点上。你无法在分界点之外生存，无论是悠长的过去，或是无尽的未来，即使只是一瞬间，你也无法自此刻逃出。因此你要认真地过活，也就是说，从现在开始到就寝之间你要活得很满足。

史蒂文森曾说："任何人都有能力承担一天的压力，不论这一天有多忙、多累，都可以熬得过去的。在太阳西下之前，不论谁都可以快快乐乐地、坚强地、亲切地、真诚地活下去。这就是人生。"

的确，这可以说就是真实的人生，在今天要好好地生活。但是，住在密歇根州的席尔斯夫人，却一直徘徊在绝望的深渊中，直到自杀的边缘，才开始学会"人只要在就寝之前活得快快乐乐的"便已足够了的道理。她对我讲述她的经历：

1937 年我的丈夫去世，孤独的我意志消沉，且面临经济困境。过去我曾在堪萨斯市工作，因此就寄了封信给以前的老板，他答应让我回到以前的工作上，向乡镇学校推销书籍。但两年前丈夫生病时，已经把我们的车子卖掉了。因此，我好不容易才张罗到一笔钱，租了一部中古车，重新开始贩卖书籍的工作。

本来是想藉此振作自我，但一个人独自开车、一个人独自用餐……那种感觉实在是难以忍受。当生意不佳时，甚至不敷支付低廉的车租。

1938 年春天，我在密苏里州的郊区做生意。那里的学校十分贫穷，道路也崎岖不平，我被孤独、沮丧压迫得甚至想自杀。觉得成功无望，也没有值得留恋的事情，每天早晨都惶惶然地起床面对另一个灰色的日子，一切都令人烦忧：如果付不出车费怎么办，房租要怎么办，会不会没有钱吃饭？既担心健康，却又没钱去找医生。我之所以没有走上自杀的绝路，只是怕妹妹伤心，更担心的是连丧葬费也没有。

但后来我无意中读到一篇文章，它使我从失意谷底中站起来，并鼓起继续生活下去的勇气。那无疑是天堂传来的声音，我一辈子也不忘这句话："对于聪明的人来说，每一天都是崭新的人生。"我把这个句子用打字机打了一遍，贴在车子的玻璃窗上。即使在驾驶中，也不致忘了它。我知道了自己有能力好好地活过一天，也学会了不再挂心明天的事，并遗忘昨日的种种忧伤。每天早上对自己说："今天又是一个新的开始。"

我克服了由孤独与贫困所带来的恐慌。现在我感到十分幸福，生活十分充实，对人生也充满了热情和爱。不管再遭遇到什么样的困境，我都不再惶惑不安。我终于知道了根本没有必要对未来恐惧，只要好好地活过今天，我已经完全了解"对于聪明的人来说，每一天都是崭新的人生"的真谛了。

猜猜这首诗的作者是谁？

多么幸福的人！
那些把今天握在手里的人们。
他们心境安详，振臂高呼：
"明日啊！不管你将给我什么考验和打击
我都会好好活过今天的。"

或许很具现代感，但它是耶稣诞生前三十多年的一位罗马诗人柯瑞斯所写的——人性最大的悲哀在于只会憧憬地平线那端神奇的玫瑰花园；却从未回过头来看一看自家窗外正盛开着的玫瑰花。

底特律的爱德华·埃尔维斯先生若非及时觉醒，恐怕早就被忧虑击溃了。从一个送报童开始，到杂货店店员、图书馆助理，他节省微薄的薪金再加上55元的贷款，作第一笔生意投资。最后建立起令他自傲的年收入两万美元的事业。但不幸发生了，他为朋友的支票背书，而这位朋友却破产了。"屋漏偏逢连夜雨"，他不仅变得身无分文，甚至又背了一万多元的债，他彻彻底底倒了下去，他追忆道：

我失眠、食欲不振，整个人像死了一样，除了烦恼还是烦恼。有一天走在街上突然昏倒在人行道上，瘫在床上时，浑身冒汗。热气在体内扩散，痛苦不堪，日复一日衰弱下去，最后连医生也宣告说只剩十几天可活，我为此顿感眼前一片昏黑。便写好遗言，回到床上，在无能为力的情况下等待死亡，不再忧虑、不复挣扎。而在这种压力尽卸的情况下，心情竟轻松地睡着了，像个襁褓中的婴孩般安然入睡。结果，食欲恢复，不再憔悴消瘦，体重也逐渐回升。

几个礼拜后便能扶着拐杖走路，6周后回到工作岗位，于是便乐得做周薪 30 美元的工作，那是卖外销汽车的底盘。这个教训使我不再追悔过去、恐惧未来，而把所有的时间、精力、干劲完全倾注在工作上……

这种充满干劲的态度，使他再度奋起，数年后他成为埃尔维斯·普洛达克斯公司的董事长。搭飞机访问格陵兰时，飞机降落在以他的名字命名的埃尔维斯·费鲁特机场。他之所以得到如此的成功，关键在于他知道善加利用今天。

甚至法国哲学家蒙田也犯过这种错误。他说："我的一生充满灾难，然而其大部分并未真正发生，而是莫名的焦虑幻想使我困惑与茫然。"

最近我在托马斯的农场度周末，看到他把一首赞美诗贴在书房的墙上：

今天是特别的一天
今日就让我们尽情欢乐吧！

琼莱斯金桌上摆着一个未经修饰的小石头，上面刻着"今日"二字。我的桌上没有摆小石头，却摆了一面每天刮胡子必用的镜子，上边刻着一篇印度戏剧作家卡尔达沙的诗——向黎明致敬：

为今天努力前进吧！

因为这是最真实的存在。

这短暂的行程，

包含了你存在的真理及现实的一切——

生长的喜悦、行动的成果、成功的荣耀。

昨日只是一场梦，

明日虚幻不实，

努力为今日生活，

将所有的昨日转换成幸福的梦，

将所有的明日幻化成希望。

所以，张开双眼，迎向今日，

向每一个黎明欢呼！

因此，你要像奥斯勒所说："关闭昨日及未来的铁门，好好活在今日。"

希望诸位自问一下：我对未来感到不安吗？我憧憬水平线那端神奇的玫瑰花园吗？我逃避现在的生活吗？

对过去的事——已成定局的事，还追悔不已吗？

早晨起床时你决心好好把握今天了吗？

是否"把握今天"而使人生更充实？

预备何时开始实践这个生活哲学？下礼拜，明天……还是今天？

2. 摆脱烦恼的神奇公式

韦尔斯·卡瑞尔是开创空调产业的天才技师，现在是纽约卡瑞尔公司的老板。下面这些话是我和技师同业会员们共进午餐时无意中聊到的。卡瑞尔先生说：

我年轻时，在纽约水牛钢铁厂做事，后来调到密苏里州水晶城金属工厂装置瓦斯清洁设备。这种净化装置是用来去除瓦斯所产生的杂质以提高燃烧效率，并预防引擎的磨损。在当时，这是一笔大生意，但这项净化的新发明只被试验过一次。不幸的是发生了意外的障碍，机器虽能动，但情况却不如保证书所写的那么顺利。

我觉得自己被打败了，全然地失败了！脑袋瓜就像狠狠地挨了一拳似的，肠胃都痛了起来，忧虑得夜夜失眠。最后我想通了，一味忧虑是无济于事的，于是决定舍弃所有的不安，努力寻找具体的应对办法。这一来，情形好转了。

三十年来我时时运用着这个"不安情绪消除法"，它是简单可行的，由三个阶段形成：

首先要客观地分析所面临的困境，并预计最糟的情况。必然的，我是不可能被下狱或被枪杀，顶多是被公司开除，再则就是老板所投资出去的两万元将付诸流水。

其次是既预测了最差的情况，就会做好面对它的心理准备。这一次失败，是个经验，可能因此丢了工作，但大不了再找呀，条件也许差了些，但总是个新开始……至于老板呢？也许无法忍受我的失败，但也有可能再研究发明新的净化装置，这两万元的投资就当做是研究开发费也是值得的——预测了最差的状况，反而能笃定。一旦遇到困境，便能冷静沉着地应付。

三是要将这个失败当作是一个生命的转机。冷静地考虑使最糟的事转好的对策，并努力集中精力应付。因此，我考虑怎样才能把损失减至最少，多方实验后，结论出如果能花5000元再添购另一项设备，就不会再发生故障。我立刻去试，结果赚回15000元，使损失降为5000元。

如果当时我一直不断烦忧，必然无法改善事情。深陷烦恼最大的坏处就是破坏一个人的意志集中力，使人心志动摇，决断力消失。但如果我们强迫自己去面对最恶劣的事态，武装心理，就能渐渐理出头绪好去解决问题。

这儿介绍的虽是老早以前的事，但解决的方法却是很有用。我一直利用这个方法，而幸运的，我的人生大道畅然无阻，不再被烦恼击倒了。

这个魔术公式为什么会有如此的心理效果？应用的范围也如此广呢？因为当我们烦恼时容易陷入盲目的状态，而在其中摸索的我们可应用这个方法，帮我们从层层乌云中解脱出来，踏实地走在坚固的大地。然则，一旦你的脚跟不是踏在坚实的地面，你要如何调整你的脚步呢？

应用心理学之父威廉·詹姆斯已去世多年，但如果今日他还健在，听到这种克服忧虑的实用法则之后，想必也会举双手赞同。为什么我能如此确定？因为他曾对学生说："欣然接受已发生的不幸，正是踏出克服不幸的第一步。"

中国文学家林语堂也在其著作《生活的艺术》中说道："即使是最坏的事情也要照单全收。这便是获致内心平和的秘诀。"

事实上，也确是如此。因为我们一旦接受了最恶劣的事实，心情就能笃定，不再患得患失。韦尔斯·卡瑞尔不也说："因此，我十分沉着冷静地使事情有了转机。"这不是很容易理解吗？然而难以数计的人们却因愤怒、焦虑，以致混乱，而终于在自己的人生舞台上一蹶不振。追根究底，就是没有接受不幸事实的决心，因此只有惶惑与束手无策。苦战的结果，就是成为忧郁症的俘虏。

让我们看看一个纽约石油商人，运用这个神奇法则解决自己难题的例子：

当我遭遇到恐吓诈财事件时，简直惊骇极了。

恐吓！那应是电影里的情节，怎会发生在我身上呢？但是事实确是如此。我主持的石油公司里，有很多送货卡车和司机。当时物价管理局的规定很严格，石油是采取分配制的，运送石油的分量都被限制。有些司机暗中将客户的油偷斤减两，径自偷偷运给自己所开发的客户，而我竟毫无所觉。

我第一次发现这个不正当的交易是在某一天，一位自称政府稽查员的人来找我，要求我交出额外的钱，那男子说已掌握司机们违法的有力证据。他并威胁说，如果我不把钱拿出来，他就将那些文件送到法院。

当然，我非常清楚，这件事我根本无需恐惧，因为违法者并不是我。但法律规定，企业要对其员工的行为负责。而且，一旦此事被传开了，报纸必然大肆渲染。而这个由我父亲辛勤创业，我自己也颇自得的事业，或许就会被舆论攻击得体无完肤，甚至就此而一败涂地。

终于焦虑得病了，我吃不下、睡不着，只是毫无意识地一再兜圈子，到底要拿出钱来还是干脆告诉对方要告就告，随他高兴。我没有办法决定，弄得夜夜噩梦不断，无法安眠。

后来在一个礼拜天的晚上，无意中拿起班上所发《如何停止忧虑》的小册子读了起来，被上面卡瑞尔的话给震慑了。他说凡事都该做最坏的打算。因此，我就自问，如果我不拿出钱来，最糟的结局将是如何？大概是如他所恐吓的将那些证据送到法院去而导致公司倒闭！倒还不至于被送入监狱，只是受舆论指责，公司倒闭罢了！

于是，我告诉自己，我已做好公司倒闭的心理准备，下一步又将如何呢？当然，事业完了就非得另谋工作不可。但这也不是什么绝境。在石油方面，我是非常内行的，不乏有愿意雇用我的公司。这么一想，便渐渐冷静了下来，三天三夜以来的恐慌也渐渐消失。身心恢复正常，思考力也复苏了。

终于脑筋已清晰到足以执行第三步——想出应付最糟的情况之对策。我把事情自各个角度细细考虑一遍，认为应该把此事告诉我的律师，说不定他会有什么好法子。但为什么在此之前就没想到可以这么做，而只是一味烦忧？于是，我决心次晨第一件事就到律师那儿去。决定后，便一头钻进棉被里沉沉地睡着了。

第二天早上我的律师告诉我，应该主动到法院去说明实情，我照着他的建议做了。很意外，当我说明完毕后，法官告诉我，类似的事件层出不穷，那自称"政府稽查员"的男子正被警方通缉中。在我三天三夜烦恼着是否该付5000元给那个大骗子之后，终于真相大白，而我也总算松了一口气。

如果你认为这个方法行之甚难的话，那你就错了。

这里还有马萨诸塞州的厄尔·哈利先生亲历的故事为证。这是1948年11月17日在波士顿史塔勒旅馆，他亲口告诉我的：

这是 1920 年的事，那时我忧虑过度而致胃溃疡。有天晚上因大量吐血，立刻被送到医院，体重由 79 公斤直降到 40 公斤。病情相当严重，连举起手来都被禁止。胃溃疡的三大权威的医师也宣告我已没希望。每小时，服用碱粉及半匙牛奶及胃乳一次来苟延生命。护士每天晚上将橡皮管插入我的胃，吸出里面的污液。

这样持续经过好几个月，最后我对自己说："毕竟死到临头了，你还是好好利用剩余的时间吧！你不是梦想要环游世界一周吗？何不趁此死亡前夕去完成呢！"于是，我告诉医生们我想去环游世界。他们都惊讶得瞪大眼睛说我太疯狂了，以这种光景出去旅行，不死在海上才怪。他们一致劝我放弃，但我心意已决，岂肯就此作罢。我托亲戚把我葬在祖先的墓园，因此我是带着自己的棺材去出游的。我事先和船公司取得联系，坐着备有棺材的船，一旦死了就请他们把我的尸体放入冷冻库运回家乡埋葬。就这样开始了航程，当时心中响起了一首古老的歌曲：

> 噢，在我们化做尘埃之前，
> 让我们善尽人世的情缘。
> 尘不归于尘之中、也不归于尘之下
> 它是一个没有酒、没有歌、没有诗人，
> 然后，也没有结束的终止……

当我正在洛杉矶船运公司前往东方的邮轮上，突然觉得神清气爽起来，渐渐地和医药绝了缘，开始享用各地美食，连所谓会要了我的命的刺激性的异国料理也都无所禁忌。几个礼拜之后，也能尽情享受雪茄的吞云吐雾之乐，甚至来者不拒地饮用掺苏打水的威士忌，过着前所未有的快乐日子。旅行期间我也经过了能送我入棺材的季风区及台风区。令人心惊肉跳的各式各样冒险既愉快又刺激。

在船上我也和大伙儿一块游玩唱歌，交了新朋友，甚至还熬夜。以下是我到达印度、中国时所发觉的。以前在工作上所面临的忧烦和东方国家的贫穷饥荒相比，显得多么微乎其微，甚且简直有如天国。我于是舍弃了无谓的烦忧，精神也舒畅了。等到返回美国，体重也增加了四十多公斤。对于前一阵子胃溃疡的事还真感到怀疑呢。在我一生中，还没有过这样神清气爽心情愉快的感觉，于是我又重返工作岗位，从此竟没再生过病。

由此可见，厄尔·哈利可能在不知不觉中应用了卡瑞尔克服烦恼的神奇法则。

最先，自问可能发生的最糟情况是什么——答案是"死亡"。

接着，做好死亡的心理准备，在权威医生们也都束手无策的情况下，他好像别无选择了……

第三步，尽情享受自己残余的时光，在搭上船之后，他还不断哀伤自己必定以躺进棺材的结局完成此行。当他放松自己，

忘了病痛之后，便获得新生的泉源，而把自己从死亡边缘抢救
回来。

因此，第二个原则是：如果你遇到让你感到忧虑的问题时，
就试试卡瑞尔提供的神奇妙方，来帮你渡过难关：

请自问："所可能发生的最糟情形是什么？"

然后做好接受最糟情况的心理准备。

接下来，冷静谋划策略以改善现况。

3. 忧虑所造成的伤害

人们往往不知如何克服忧虑，而在它不断攻击下提早结束自己的生命。这是安烈库斯·卡雷鲁的话。

诺贝尔医学奖得主柯尔瑞曾说："穷于应付烦恼的商人，注定要早死。"

其实一般家庭主妇、兽医、制瓦工人也都是一样的。

几年前，我与一位医生朋友骑脚踏车到得克萨斯和新墨西哥州旅行时，谈及忧虑对一个人所可能产生的影响，他说："在就医的病人中有七成是由于心理上的障碍，只要他们去除不安和忧虑，很快就会痊愈的。但却没有一个人认为他们的病是由于心理作祟所引起的。他们生病，当然是无可否认的，而且其痛苦或许还甚于牙痛、头痛，因为它们往往会导致神经性消化不良、胃溃疡、心脏病、失眠或偏头痛等等。这些病是真的会发生的，因为十二年来我本身正为胃溃疡所折腾。不安的情绪导致焦虑，焦虑使精神紧张，因而刺激胃，使胃液分泌不正常，长久下去就变成了胃溃疡。"

约瑟夫·马坦格医生曾说："不是我们吃下去的食物让我们患了胃溃疡，而是情绪的因素支配了我们的身体，使我们在紧张焦虑中患了胃溃疡。"

阿维力医师也说："胃溃疡大多由情绪紧张所造成。"

这句话，从玛雅临床医学中心的 15000 个病例中得到证明。因为其中有 4/5 原非由于身体机能所致，而是不安、烦恼、怨怒、憎恨、自私及无法适应现实生活……而引发胃病或胃溃疡的。因胃溃疡而死亡的例子并不稀奇，据《生活》杂志的统计，胃溃疡是第 10 位致死的病因。

最近我和玛雅医学中心的哈罗德·海本医师联络。他在美国国内医师会议上提出一篇对 170 位企业家的研究报告。患者平均年龄只有 44.3 岁，而大部分的人都受到心脏病、消化系统疾病及高血压的威胁。想想看，1/3 的企业家在尚未 45 岁时，就为心脏病、胃溃疡和高血压所折磨。为了飞黄腾达的地位却赔上了如此高的代价！

然而，这就是成功吗？如果一个人得到了全世界，却赔上了自己的健康，又有什么好处呢？就算拥有全世界，还不是一天三餐、只睡一个房间一张床？他不可能异乎常人。因此，即使一个贩夫走卒，不也和大富翁一样吗？一日三餐、一天睡一个房间一张床，甚且他吃得比你还有味、睡得比你还香甜呢！坦白说，与其要我经营铁路公司或烟草公司而在 45 岁就赔上了健康，倒不如让我在亚拉巴马州附近当个农夫来得愉快。

说到烟草，全球闻名的烟草公司老板在加拿大森林区散步时，因心脏麻痹而暴毙。他是百万富豪却只活了 51 岁，只怕他是拿自己的生命换得事业的成功吧。

依我的看法，这个拥资亿万的烟草大王，其人生还远不及我身为密苏里州的农夫而身无分文、却享年 89 岁的父亲呢。

梅育医学中心的医生曾说，美国国内医院半数的病床是为精神方面患者所占据，然而，利用高性能显微镜加以检查，这些人的神经系统构造却与常人无异。导致神经症状并非由于生理上的失调，而是无助、不安、苦恼、恐怖、失败、绝望等情感因素引起的。

哲学家柏拉图也说："医生在治疗患者时所犯的最大错误就是不从心理方面着手，而只从身体方面下工夫。心理和身体本是一体两面的，不应分开来医治。"

医学界花了两千三百年终于证实、承认了这项真理。现在医学界正积极倡导所谓的"身心医学"，兼顾病人的身体与心理。我们确该如此，在医学昌明下，医生们已能严密控制以前那些威胁人命的疾病，如天花、霍乱等，而挽救了无数人的生命。但他们对于精神疾病及心理因素所造成的疾病往往束手无策。而因此死亡的人数正直线上升中，危害日甚一日。

为什么会精神异常呢？至今尚未找出真正的答案，但大体上恐惧和不安是主要的罪魁祸首。无法适应过于严苛的现实，而为不安的情绪侵蚀的人，往往断绝和周遭人们的关系，而独自躲到一己编织的隐秘的梦幻世界，他们就用这种逃避的态度来解决焦虑不安。

我的桌上放了一本爱德华·波多斯凯医生所著的《停止焦虑》，以下是其章名的节录：忧虑对心脏的影响；忧虑恶化了高血压；忧虑引发了风湿；忧虑对胃的伤害；忧虑和感冒的因果关系；忧虑和甲状腺；忧虑和糖尿病。

另外还有一本有关人类焦虑的书《自找麻烦》，作者是医界有名的梅育兄弟中的卡尔·默林杰。书中揭示了惊人的事实——不安、不满、憎恨、埋怨、反抗、恐怖等情绪，严重地破坏了我们的健康。

苦恼很不寻常，竟也能使顽强健康的人生病。

格兰特将军在南北战争结束时有了如此的体验。当时部队不断有逃兵，所剩无几的士兵则聚集在帐篷里开祈祷会。他们又叫又哭又闹、眼神呆滞，几临绝境。李将军的部下放火烧棉花及烟草仓库，并烧光兵器仓库，而趁黑烟蔽空时逃出市街。格兰特将军率军追击。敌方骑兵队断了他的后路，破坏铁路，掠夺补给的列车，陷他于困境。

强烈头痛的格兰特将军远远落在部队之后，于是仓皇落魄地求宿于农家。他在回忆录中写着："那一整夜，我双脚泡在芥末热水中，并不断用芥末敷颈后，心中不断祈祷症状能在次晨好转。"

第二天早上，他一下子痊愈了。然而，治愈他的不是芥末，而是快马加鞭带来李将军投降消息的使者。格兰特将军说："骑兵来到我眼前时，我正头痛欲裂，但是一听这消息，整个身体便顿时硬朗了起来。"

显然，格兰特将军的病，是缘于紧张忧虑等的情绪因素，因此要从这方面来对症下药。他之所以能马上痊愈的道理也在这里！

七十年后，内阁的财务长官亨利·摩根·杰尼亚也体验了烦恼会使情绪变坏，并且会头晕目眩。他在日记中写道："因总统提高小麦的价格，而一天要买进一亿两千多万公斤的大量小麦，着实让我伤透脑筋……我一看到那个天文数字，眼都花了。回到家里草草解决了午餐便无助得瘫在床上两个钟头。"

如果想知道烦恼对人类的伤害，不需要专程到图书馆去找数据或跑去请教医师，你从本书就可以获得解答。在我目光所及的周遭，有人因忧虑而神经衰弱，也有人因而患糖尿病，更有因股市的暴跌，而导致血糖或尿糖的升高。

有名的法国哲学家蒙田，当选故乡波尔多市长时，告诉他的选民："我乐于以双手来为各位服务，但并不打算把忧虑紧张造成的伤害带进我的肝肺之中。"

我的邻居因股市之事而烦恼得血管病变，如今已奄奄一息。

此外，也有因此而患上风湿症或关节炎而被束缚于轮椅的。

世界级的关节医学权威罗斯尔·西勒指出导致关节炎的四个原因：婚姻生活的触礁；经济拮据；孤独和苦恼；宿仇积怨。

当然，这四种情绪状况并不是导致关节炎的唯一原因。关节炎有许多种,导因也是名目繁多,但这四种却是其中"最普遍"的因素。

举个实例,我的朋友因经济不景气,生活发生困难,瓦斯公司停止了瓦斯的供应,银行也提前结束他房屋的抵押。不巧,他太太又受突如其来的关节炎剧痛折磨,吃药也无济于事。直到他们度过困境,生活好转,关节炎才有了起色。

忧虑也是造成蛀牙的原因。威廉医生在美国牙医学会做了以下的报告:"因烦恼、恐惧、牢骚等产生的不愉快情绪会使得钙质的平衡遭到破坏,而形成蛀牙。"他说,有个患者以前的牙齿非常健康但是他太太因急病入院3个礼拜,其间他的牙齿却坏了9颗。这就是烦恼引起蛀牙的例子。

你一定看过甲状腺机能异常亢奋的人吧,他们身体发抖、前后左右摇晃,好像快要死了似的。这全是因为调节身体状况的甲状腺失调而弄乱了生理步调的缘故,因此使得身体激烈颤抖,全身有如打开了所有的通风装置的熔炉一样烈焰熊熊。若无适当的控制和治疗,会把一个人的生命毁掉。

前几天,我和一个患了此症的朋友一起到费城去。我们拜访了甲状腺医学权威布兰姆医生。会客室墙上一幅大匾额写着他的一些生活警语。我利用等候的时间将它抄下:

放松自己、娱乐自己——平静心情、养精蓄锐最有效的方法是:有健康的宗教信仰、睡眠、音乐和欢笑。信仰神、足够的睡眠、爱好美妙的音乐、面对人生诙谐快乐的一面。如此,就可获得健康与幸福。

医生问我朋友："为什么把情绪弄成这种地步？"他警告，要是不从烦恼解放出来，说不定会并发心脏病、胃溃疡、糖尿病，因为这些病是亲戚、是兄弟。

拜访女明星梅尔·白朗时，她说："我坚决不焦虑，因为这会夺去一个电影明星最大的财产——美貌。所以我决不让自己陷入忧虑。当我决心在电影界闯出个名堂时，心中充满恐惧和焦虑。我从远方只身来到伦敦，人生地不熟，却想进入演艺界。我和好几个导演见过面，却没有一个人肯用我，身上的钱也快用完了。两个礼拜期间往往靠着椒盐饼和开水维生。在饥饿和不安情绪的双重袭击下，我对自己说：'你真是个大傻瓜，除了有个好脸蛋之外，一点舞台经验也没有，有谁肯用你！'我站在镜子前仔细端详自己，看到的是因焦虑而凹陷的脸颊、无神的双目及平添的皱纹，我再次警告自己说：'你唯一值得骄傲的财产是自己的容貌，再这样下去，你就破产了！'"没有任何东西像忧虑一样，使女性老得那么快，它会危害你美丽的容颜，僵化你的表情，逼出皱纹，催生白发，破坏你的风采。

心脏病是今日美国排行首位的死因。二次世界大战中阵亡者有三十多万人，而同一个时期死于心脏病者却多达两百万人，而且其中约有一百万是因为焦虑紧张造成心脏病致死的。难怪连名医都摇头叹息："对忧虑的侵蚀束手无策的商人，注定要早死。"

威廉·詹姆斯曾说："上帝会宽恕我们的罪恶，但良心的谴责却永远让我们不得安宁。"这里有个令人震惊的事实：美国每年自杀的人数，远比威胁生命的前五大疾病高出许多。为什么呢？答案是：忧虑剥夺了生机。

中国古代战场拷问俘虏时，总是将他们的手脚捆绑起来放在帆布水桶下，然后日夜不断的水滴，滴答滴答地滴下来。如此，此起彼落的滴水声最后变成铁锤的敲打声，使人终于崩溃、发疯。以前西班牙压迫异教徒和希特勒时代的集中营也使用同样的拷问法。

焦虑就像不间断的水滴一样，一点一滴地使人崩溃发狂而走上自杀之路。

当我仍是个密苏里农村的小孩时，听过牧师描述地狱的事，让我深感恐惧，但他却从未提及人世间所面临的种种情绪上的痛苦。如果你终日受忧虑折磨，不久后你就会患上令人无法忍受的、苦不堪言的狭心症。

你想颂赞人生吧，想健康长寿吗？艾克斯·卡罗医生的话也许能帮你达到这个目标，他说："在现代喧嚷的都市生活中而能保持心理平静祥和的人，能免于精神性疾病。"

实际上你是如何呢？如果你是个健康者你会肯定自己能保持心理的安宁。我们其实都比自己想象中来得坚强，我们都蕴藏从未使用过的内在精神资源。梭罗在不朽名著《湖滨散记》中说："一个人可经由努力而提升自己的潜力，倘若我们有心朝着自己的梦想努力迈进的话，成功将会属于你。"

当然，很多读者可能都有和欧雅·贾文一样坚强的意志，即使在非常悲惨的环境中，也能克服忧虑。我想强调的是，不管是谁都能够！因此，我所提到的真理是自古已有的。以下是欧雅·贾文告诉我的故事：

八年半前，我被宣判死刑——罹患癌症，就连我国医学最高权威梅育兄弟也判定如此。我惶然无助，死亡正在一步一步逼近。我还年轻，应是前景无限，因此不甘心这般早逝，绝望中疯狂地打电话给我的主治医师，告诉他我无力承受绝望的无助。医师带着严厉的语气责备我："什么事呀！欧雅，你已经没有奋斗的勇气了吗？你这样一味哭，是只有战败的了。诚然，这是个很糟的状况，但正因为如此，你更要好好面对现实。别再让忧虑折腾你，努力去克服才是。"听了后，我马上发起非常郑重的誓言，我狠狠地咬住牙，连指甲都快陷入肉里："我决不再忧虑，没什么值得哭的，我要战斗，我要活下去！"

病情已经恶化到无法用激光线来治疗的地步。通常使用 X 光照射量，一天为 10 分钟 30 秒，以 30 天为一期。至于我的情形则是一天 14 分 30 秒，得持续照射 49 天之久。如此下来，我已被折磨得皮包骨，两脚铅一般的重，但是我决不呻吟、哭泣。而坚持以笑迎人，因此我总勉强自己微笑。

我当然不至于天真到认为以笑脸可以治好癌症，但我相信鼓舞自己的朝气和活力，有助于和病魔对抗。确实我也亲身体验了一段奇迹。数年来，我一直很健康，感谢医生给我的那番话：

"面对现实，停止忧虑，努力去克服。"

在本章结束之前，我想再重述一次前头提到的话："人们往往对忧虑束手无策，在它层层的攻击下而提早结束了自己的生命。"

伊斯兰狂热的信徒，据说都将《可兰经》刺青在自己的胸前。你是否也想把这句"对忧虑束手无策的商人，注定要早死"的话，纹在自己的胸前呢？

【摘要】了解忧虑的本质

●想要免于烦恼，就照着威廉·奥斯勒所说的去实施："今日事今日愁，明日事不先忧。"只活在今天，不去忧愁明日的事。

●山穷水尽、陷入苦境的时候，试试韦尔斯·卡瑞尔的神奇公式：首先自问"面对的这个问题所可能引发的最糟的情况是什么？"其次做好面对最恶劣情况的心理准备；然后，冷静思考应付的对策，以扭转劣势。

●要牢记忧虑将使你付出的代价——健康。"人们往往对忧虑束手无策，在它层层的攻击下而提早结束了生命。"

4. 忧虑的分析及消除法

那么，到底该如何呢？应付诸多的烦恼非有各种周全的准备不可。所以，首先我们要学着把问题分析成三个阶段。所谓三个阶段是：首先要面对事实，其次进行事实的分析，最后决断——然后实行。

这是很切实的。想解决恼人的问题，就非得用这个方法不可。

先看第一步骤：面对事实。

何以面对事实这么重要呢？因为除非我们对问题有充分的了解，否则就无法找出妥当的对策，而徒自困扰罢了。这绝非是我的新发现，而是哥伦比亚大学的训导长哈佛特·豪克 22 年来所主张的。他伸出援手帮助了不下 20 万的学生解决了他们的忧虑。

他曾对我说："混乱正是忧虑的第一个理由。"他进一步说明："烦恼大半是由于对问题尚缺乏真确的了解而遽下判断。

例如,下礼拜二下午3点我有事情要处理,于是在下礼拜二之前,我决不对那事做任何决断,而致力于搜集和那件事有关的所有资料,不浪费精力为那事烦恼,因此决不会吃不下睡不着。在星期二来临时,已能掌握事实的来龙去脉,问题自然而然就迎刃而解了。"

我问他是否因此而真正消除烦恼了,他回答:"正是如此,我很肯定。任何人如果能够将忧虑的工夫用在搜集数据、客观的分析问题上,忧虑自然能够消除。这是我想一再强调的。"

然而,大多数的人又是如何呢?一旦我们碰到难题,就只会去看问题的某一面,只祈望一切符合自己的意愿,在偏见下往往做了错误的判断及行动。

安德雷·摩洛说:"符合我们个人愿望的事,会被当成合理的事实,此外其他的事,则往往会激怒我们!"

那么,该如何处理才得当?于思考中应该摒弃情绪的左右,正如豪克训导长所说的:"以不偏不倚、客观的态度去寻求解答。"

但这并不是件容易的事,因为烦恼正是情绪作用的高涨。

这里有两个方法可以帮助我们以客观公平的态度来分析事实:

一,想要把握住事实的真相,一定要有并非为自己,而是为他人搜集数据的态度,真正客观而冷静地处理事情。

二,当我在搜集资料时,会假设自己是一个律师,正在为我的案子搜集证据以资辩驳。换句话说,我会设法找出自己的弱点,攻击自己的漏洞,以使准备工作趋于周详而建立坚强的凭据。

　　然后，就把事情的正、反两面都写下来吧。在一般情形下，你会发现：真理、答案往往是介乎两个极端之间的。

　　在这里我想特别强调的是：不论你、我、爱因斯坦或是美国最高法院，任谁也无法神通广大到能在缺乏资料、不了解问题的情况下，做出任何明智的决策。

　　所以，解决问题的第一个原则就是：接受事实。

　　让我们记住豪克训导长的话：在没有以客观的态度搜集到问题的相关资料以前，不要试着做出解决问题的任何方案。

　　然而，单单是接纳事实，并不足以解决问题，同时还要透过分析、解释，才能产生建设性的功能。

　　我从许多宝贵的经验中得到一个结论，就是将所有的意见列在纸上，较能一目了然以利分析；事实上，虽然只是将问题客观地列在纸上，就能导引我们走向正确的方向。就像查尔斯·凯特林所说："一个陈述详实的问题，本身就已经解决了一半啊！"

　　现在，就让我举实例给你看。中国人常说："百闻不如一见"，那么，就让我们看看这个具体的实例吧！盖伦·理查德佛尔德是杰出的美国商人，1942年当日本侵略上海时，他正在中国经商。下面就是他亲口的陈述：

　　日本轰炸珍珠港不久，开始长驱直入上海，当时我是上海亚洲人寿保险公司的经理。日方派给我一位"军方账务管理员"，其实就是他们的军官，并命我要协助他清理我们的资产，在那种情况下，我别无选择，只有乖乖合作，否则唯有死路一条。

我脑海中浮现出他命令我去做的事情，如果别无选择，只得照办。但有一笔价值75万元的保证金是属于香港分公司所有，因此，我把它从账本上省略下来。我担心一旦日本人察觉一定会把我扔进沸水里去。不幸，可怕的事终究还是来了，没多久他们就发现了这笔款项。

当时我不在办公室，但会计课长在那里，当时那些日本军阀暴跳如雷，口出秽言的大骂我是小偷、叛国贼，居然胆敢公然与他们作对。我想我完了，不被他们千刀万剐才怪呢。

怎么办？星期天中午接到这个消息，恐惧、惊吓吞噬着我。若不是我有一套屡试不爽的征服忧虑的技巧，恐怕就真的后果不堪设想了。几年来，每当我忧虑不堪时，就会走到打字机旁，打出我的问题，以及这些问题的答案：一、我到底在忧虑什么？二、针对这个忧虑，我能做些什么？

以前我是惯以口头回答这些问题的，但在几年前，我发现将问题的答案都同时写在纸上更能理清思绪，更有助于问题的解决。所以在获知消息的礼拜天下午，我便直接到上海ＹＭＣＡ我自己的房间去，拿出打字机，打下：

一、为什么而烦恼（还不是害怕明天会被带去拷问房吗）？

二、对于这件事你能有什么对策（我反复考虑之后，对于自己可能采取的4个行动也记录下来，并且也写下可能产生的结果）？

首先去向日本军官解释说明。但他又不懂英文，势必经过翻译官的说明，说不定因此再度激怒他。因为他是很凶残的人，与其听我啰嗦的解释，他们宁可把我砍了。

其次可以试着逃跑。这是最不可能的，因为他必定派人严加监视我的行动，就连我进出ＹＭＣＡ也必在他的掌握中，如果企图逃跑，必定遭捕杀。

再就是躲在这间房间里，不去办公室。但若如此，日本军官必派士兵直接冲进来捕捉我，不容我做任何申辩便把我丢进火炉中，活活烧死。

还有，星期一早上，装作若无其事地照常去上班，军官太忙，说不定无暇注意到我。就算想起来了，只要冷静处理，说不定能侥幸逃过一劫！若能如此，就太好了。而如果他还要追究，说不定能给我机会解释。因此，我决定星期一早上一如往常地去上班。

这样反复思考之下，我决定采取第4个决策——星期一早上如往常一样到办公室去，所以心情也就跟着开朗了起来。

第二天早上我一踏进办公室，日本军官坐在椅上叼了根雪茄，像往常一样瞪着我，也没说什么。6个礼拜后，他被调回东京，我的忧虑就此冰释了。

就像我所叙述的，那个礼拜天下午坐在书桌前详细记下所有对策的做法救回了我的一条命，这是冷静处理的结果，否则，在轻率莽撞之下，或许会造成无可挽救的危险呢！如果那个下午我没有深思熟虑地考虑问题的始末，下决断的话，大概只好惴惴不安地度过那个午后，那一晚也必定失眠，然后星期一一大早带着一副苦脸到办公室去，说不定更会引起日本军官的猜疑，而马上采取什么行动。

好几次经验使我知道对问题下决断是非常重要的，否则，老是在那边兜圈子，只有使人的精神崩溃，而对问题毫无帮助。当机立断能立刻消除五成的苦恼，等到开始行动，四成的苦恼又跟着消失。

总之，依下列四个步骤，可消除九成的烦恼：详细记录烦恼的事；再记录自己所能采取的对策；决定该怎么做；立刻实行你的决定。

盖伦·理查德佛尔德是有史以来，最杰出的驻亚洲美国商人，他也坦诚地对我说，分析问题、克服忧虑的能力是促使他事业成功的最大因素。

为什么他的方法这么神奇？因为它具体、有效率，能针对问题的核心收到一针见血之效。事实上，这个方法的重点还是在"采取具体行动"。如果我们只是探索事实、分析事实，却不知行动，那么，这一切空谈便只有徒然浪费精力罢了。

威廉·詹姆斯就说："一旦做出最后的决策，就应立即毅然付诸行动，而不要瞻前顾后、畏首畏尾的。"

意思是：既然经过事实证据做出了决定，就要勇于实行，不要出尔反尔、犹疑不决，更不要因为心理作祟而招致别人的怀疑与好奇。

我曾拜访过俄克拉何马州闻名的石油业者瓦特·菲利普，

请教他如何具体完成自己的决策，他说："我发现过分的考虑与谨慎反使情况混乱，造成无谓的烦恼与忧虑。所以，一旦做好决定，就要毅然行动，别再瞻前顾后的。"

你现在有烦恼吗？

何不立刻应用以下所提供的神奇方法解决呢？

第一个问题——我到底在忧虑些什么？

第二个问题——我能采取哪些对策？

第三——在各种可能方案中，我决定采取那一种？

最后，我什么时候开始付诸行动？

5. 如何减少事业上的忧虑

如果你是一个生意人，看了这个章名一定会嘀咕："这实在太荒谬了！我吃这行饭都这么久了，别人想得到的，我老早就知道了，还要别人来教我怎么克服工作上的烦恼，真是天大的笑话！"当然，这是正常的反应——如果是几年前的我看到这个标题，必定也会这么想。

事实上，我当然无法为你承担忧虑，也没有任何人可以替代你，但是，我想告诉你的是，看看别人如何面对忧虑，如何克服忧虑。当然，最后的"为"与"不为"就完全看你自己了。

还记得曾经提过的话吗？"人们往往不知如何克服忧虑，在它的层层攻击下而提早结束了自己的生命。"

既然忧虑具有这么大的杀伤力，那么，如果我乐意帮你克服忧虑的侵蚀，你一定会接受我的好意的。是不是？现在就来看看一个人如何在复杂恼人的会议中，抵制忧虑的来袭。这招不只可以使他所面临的忧虑减半，甚至能够化解他 70% 的忧虑。

以下要谈论的事不是有关"琼斯先生"或"X 先生"或俄亥俄州的名人等杜撰出来的事，而是雷欧·席姆金的亲身经历。他任一流出版社的要职，以下是他本人的经验谈：

15 年来，我几乎将上班的大部分时间花费在会议及讨论问题上——这么做？还是那么做？还是算了呢？我总是紧张焦烦，在办公室里踱来踱去，不得要领。到了晚上已是疲累不堪。15 年来，我就一直这样兜圈子而找不出其他更好的方法。直到有一天有个人向我透露节省烦人的会议所浪费的 3/4 的时间及减轻内心忧虑的方法。看起来好像太天真了，但我还是试了那方法，竟然真的有效。8 年来我一直谨守这个方法、原则，不但工作效率提升了，也从此过着健康幸福的生活。

看起来像在变魔术一样，其实和魔术一样，戏法拆穿了就没什么。那么，让我们来拆穿它的底细吧！首先，我废掉 15 年来例行的会议程序，听取神情忧虑的职员们巨细靡遗的报告之后，以"没有什么好对策了吗？"这句话来结束这个步骤。接着，订定新规则——任何向我提出问题的人，须先回答下面 4 个问题：

一、你的问题在哪里（以往我们总是没有具体把握住问题的核心，而持续争论达一两个钟头，一味浪费精力在争执上）。

二、造成问题的原因是什么（至此回顾一下，发现以往我们总是没有追根究底地弄明白问题的症结，而只是徒然浪费时间在兜圈子上）。

三、有哪些解决的对策（以往若有人提出解决的方案，便马上有人加以反驳、批评，会场一片火药味，活像一场辩论比赛，终于没有做出任何解决问题的结论）。

四、你所建议的解决方案是哪一个（以前所谓的会议，都只是消耗时间，使事态胶着罢了，对于问题根本没有提出任何具体可行的办法，也不谋求任何改善，更没有人在纸上写下其所建议的方案）。

现在，已经没有职员再带着他们自己的问题来烦我了。为什么呢？因为他们已经能够针对上述的四个问题，加以搜集种种有关的资料来对问题加以检讨，自然使问题迎刃而解。

因此，就没有必要再找我商讨了。就像面包从烤面包机出来那般自然地解决了问题，即使还有商量的必要，时间也缩短成原来的1/3。而商量也能循序渐进，议论也能得其要领地迅速得出结论。

现在，我们已经很少把时间浪费在辩论与忧虑上，而是利用在行动上以达成正确的目标与理想。

法兰克·贝德卡是美国保险业界的名人，他也运用同样的方法来减少工作上的烦恼，且为自己增加两倍的收入。他说：

几年前，我满腔热情地踏进保险业，但是后来发生了一些事，使我在灰心气馁之余，甚至想转业。要不是某一个周日早上心中产生了摆脱烦恼的念头，现在我可能已经改行了。

第一，首先我问自己："到底有什么问题、烦恼？"问题是：即使累得两腿发酸，收入却没有跟着增加。自己也想好好干，但还是没有办法使客人订契约。客人总是说："先生，让我再考虑看看，如果决定了再通知你。"虽然失望，却也没办法，就这样常常白跑一趟。

其次我自问："难道没有任何对策了吗？"想回答这个问题，必须对事情的真相有更进一步的了解。于是我将自己过去一年的记录拿出来，追踪上面所记的各种数字。我赫然发现，契约中有七成是初次拜访订立的，见过两次面几经波折努力完成合同的则占23%；而拜访过四五次煞费周章才达成合同的只不过占7%。换言之，契约当中仅仅占7%的一小部分，却浪费了我大半的工作时间。

那么该采取何种对策？答案非常明显，就是不做超过两次以上的访问，而利用那个时间来寻找新的顾客。结果真是令人吃惊，短短的时间内，我的收入随着业绩直线上升。

诚如前述，法兰克·贝德卡是美国保险界顶尖的推销员。但是，他也曾有过被迫要转业的遭遇，好在他在放弃之前能理智分析问题所在，终能化险为夷。

你工作上的烦恼，不也适用这个方法来解决吗？我敢保证，只要你采用这个方法，必能减少烦恼。

希望各位再复习一次：

问题的症结是什么？

造成问题的原因是什么？

有哪些解决之道？

你所实行的对策是什么？

现在，让我们再重复一遍分析烦恼的方法：

首先要掌握事实。牢记哥伦比亚大学豪克训导长所说："世上有一半以上的忧虑是因为人们对事实还没充分了解就遽下判断所造成的。"

其次慎重反复地分析检讨所有事实之后再订决策。

然后一旦慎重做出决定后，立即付诸行动，不要再畏首畏尾、犹豫不决。

今后再有烦恼时，请试着用笔写出下列问题的答案：问题的症结为何；造成问题的原因何在；解决对策有哪些；所欲采纳的对策是什么。

6. 如何赶走心中的烦恼

我忘不了数年前某一个晚上，我班上学员道格拉斯所述，其亲身经历的两桩家庭悲剧：第一次是他失去了最挚爱的 5 岁幼女，这对他和太太无疑是晴天霹雳。很不幸的，10 个月之后，他们的次女在出生 5 天后就病逝。

连续遭受两次失去爱女的打击，哪能维持平静的心情呀？这位父亲说："我无法接受这个事实，吃不下、睡不着、神经衰弱，对生活没有一丝信心。"最后他只好去看医生。有开药给他的，有建议他去旅行的。两种方法他都试过了，却还是没有效。"我的身体像被虎头钳钳得紧紧的，胸部郁闷不堪。"如果你有过这种茫然若失的经验，就能体会他的心境。

但是感谢上帝，还留给我一个 4 岁的儿子。他激起我走出烦恼，重新生活的意志。一天下午，我意志消沉地坐在椅子上，这个孩子对我说："爸爸，帮我做一艘船嘛……"当时别说做船，做其他的事也都提不起劲。但儿子的要求又不能拒绝，不得已只好帮他做了。

做艘玩具船竟然耗费 3 个钟头。在作品即将完成的同时，我注意到了一件事——做玩具船的这 3 个钟头是我数月以来首次超脱忧虑、享受心境安谧的一段时光。

由于这个发现，使我从几个月来的恍惚状态中恢复过来，恢复冷静思考的能力。我了解了在哀伤中要一边用脑力策划工作是不可能的。这次经验让我知道，专心一意为儿子做玩具可以把哀伤丢在一旁。于是，我决定无论何时都要让自己很忙碌。

第二天晚上，我环顾家里每个房间，并列表记下我该做的事。书架、楼梯板、防风台、百叶窗、门把、漏水的水龙头等很多地方都需要修理。很不可思议，两个礼拜之间，我居然列出了 242 个须修护的地方。

近两年来，我已陆续将其修复，使生活充满朝气活力。另外，每个礼拜我还去上两次纽约的成人教育班，还参加了小区里的各项活动。目前我是学校家长会主席，要出席种种会议，此外也着手帮忙红十字会或其他事业的募款活动……在这么忙碌的日子里，我连烦恼的时间都没有了。

没有空烦恼，这正是大战时期一天要工作达 18 小时的丘吉尔的写照。当别人问他身负如此重任难道不会头痛烦恼时，他爽快地回答："我太忙了，忙得没有时间去烦恼！"

查理·科达林格着手发明汽车的自动启动装置时也是同样的情形。科达林格现在是美国通用汽车公司的副董事长，掌握着世界闻名的美国通用汽车公司研究组织的全权。但年轻时他却非常穷，甚至把库房的部分充当实验室，生活费全赖教钢琴的太太，后来更向保险公司借了 500 块钱。我问他太太，那时候难道他们都不烦恼吗？她回答：“当然啰！忧虑得睡不着觉，但是我先生可就另当别论了，他满脑子都是工作，根本没有时间烦恼。”

伟大的科学家巴斯葛说过：“唯有在图书馆和研究室，心中才能真正的宁静。”为什么在那里心情会如此闲适呢？因为在图书馆或实验室的人大多埋首于研究，根本没有空烦恼，所以研究者几乎没有患神经衰弱的。对他们来说，他们没有可以浪费的一秒钟。

为什么置身于忙碌中就能去除不安的情绪呢？因为有一条最简单的心理学法则告诉我们——一心不能二用，你无法同时思考两件事。

首先，靠着椅背坐着闭上眼睛，同时想起“自由女神”和明天早上你预定要做的事（你可以继续下去，让实验的时间长一点）。如何呢？是不是无法同时思考两件事，而只能一个一个地轮流出现脑海中。

同样的，在情绪方面也是如此。兴致勃勃仿佛置身梦中与意志消沉无法同时并存于我们心中。一种情绪会驱逐另一种情绪。把这个单纯的法则应用在军队中，常能带来意外的结果。

军官们身经百战的冲击，常患有精神方面的疾病，而军医们的处方都是："只要忙碌一点，便没事了！"

对这些精神失常的人们而言，醒着时就要不断活动，主要的有钓鱼、狩猎、打球、摄影、园艺、舞蹈等户外活动，不容他们有时间去想起那些可怕的经历，这就是一种治疗法。

所谓的"工作疗法"是精神分析医生使用的专有名词。他们认为劳动和药剂有同样的疗效。然而，这并不是新的发现，早在公元前500年古希腊的医生们就有这样的主张了。

基督教教友派的教徒在富兰克林时代，在费城也曾实施过这种疗法。

1774年有个人拜访他们经营的疗养所时，看到一个精神病患正忙着织麻而大吃一惊。当时，他们一定认为这些不幸的人被剥削了，但教徒们说，让这些患者做些轻松的劳动，反倒有助于他们的病情，可使他们的精神状态好转，因为工作能够消除紧张的情绪。

任何精神分析医生都要说，保持忙碌是精神患者最好的麻醉剂。

这是亨利·朗费罗惨遭丧妻之痛时发现的事实。朗费罗听到她的哀号飞奔而来，但是一切已太迟，一场火灾使他丧失了挚爱。尔后，朗费罗每当想起当时的情景便痛不欲生，几乎要发狂。所幸他还有3个稚子需要照顾抚养。他强抑悲痛，父代母职，兼管起孩子们的生活起居，带他们散步、游戏、讲故事给他们听……

　　他们父子的感情交流表现在他所写的《孩子们的时间》一诗中，此外他还要致力于但丁作品的翻译，及诸多繁杂的事务。正因为这样忙碌的生活，使他忘却了自己的不幸而重获内心的宁静与安详。就如丁尼生在失去他的亲人阿莎·格拉哈姆时说的："为了不让绝望打败，我要让自己麻醉在繁忙中。"

　　大部分的人在繁忙的工作时间内不易受到情绪的干扰，但在下班后，就很危险了。这个时候应该是尽情享受休闲的幸福时刻；然而，正是这个时刻，忧郁会来敲门，使你开始疑虑丛生——生活不应该是这样的啊、老板今天说的话是否别有用意、自己近来好像愈来愈没有魅力了等等。

　　人一得空，心就呈现真空状态。学物理的人都知道，自然不喜欢真空。我们触目所及最接近真空状态的要算是自热电球的内部。我们将电球加以切割，以自然的力量送入空气，球内就充满了理论性的真空。

　　心灵也一样，通常是充满情绪，如烦恼、恐惧、憎恨、嫉妒、羡慕等，这些是相当粗暴的，往往把内心的愉快情绪驱逐得无影无踪。

　　哥伦比亚大学教育系教授詹姆斯·马歇尔巧妙地说明了这件事："烦恼不是发生在人们活动的时候，而往往是在一天的工作结束时把你缠住。因为那个时候你有闲暇去接纳它。那时你的心就像没有负重的马达一样，而有由于空转而烧坏轴承或粉碎轴承之虞。烦恼的治疗法就是专心致力于某些具有建设性的工作。"

即使不是大学的教授也能理解这个道理，并付诸实行。

大战期间，我碰到一位芝加哥的主妇，她告诉我自己发现的治疗烦恼的方法——埋首于具有建设性的工作。我是在纽约往密苏里农场途中的火车餐车上碰到他们夫妇的。

他们的儿子在日军偷袭珍珠港后的第二天被征去从军，夫人为了这个独子担心得生起病来，老是忧心：儿子现在在哪里呀，人可安好，有没有受伤，是不是已经阵亡了。

我问她如何克服忧虑。她回答："保持忙碌！"她首先辞掉仆人，一切家事全由自己来，好让自己忙得团团转，但这也并没有多大的效果。

讨厌的是家事太过机械化，根本不需要用脑筋。所以尽管铺床、洗碗筷……脑海里还是想着儿子。于是，我发觉我非找一个让精神和身体都忙得受不了的新工作不可，因此就去当百货公司的店员。结果非常有效。我置身于忙碌中，顾客围绕着我不断询问价钱、规格、颜色……我忙得连喘口气的时间都没有。到了晚上，除了想法子减轻脚痛外，就没有余力做其他的思考了。晚饭后倒头便睡，一觉到天亮。再没有时间和精力去操心儿子的安危了。

她所体验的方法正是约翰·鲍文所说："唯有把心力投注于工作中，才能真正获得内心的快乐与平安。"

世界有名的女探险家奥莎·琼森告诉我，她如何从烦恼和悲伤中解脱出来。也许各位曾看过她的传记《我嫁给了冒险》。她16岁时嫁给马丁·琼森,之后他们告别堪萨斯州,而走入婆罗州的丛林。此后25年间,他们的足迹遍及世界各地,曾深入亚洲蛮荒拍摄野生动物。

几年后回美国时,他们带着拍摄的作品巡回各地演讲。然而,有一次他们从丹佛出发沿着太平洋岸飞行,所乘坐的飞机却不幸撞上山崖,马丁当场死亡,而奥莎也被医生宣告终身残废。3个月后,坐着轮椅的奥莎在众多听众前演讲,一季里要做一百多次的演说。我问她为什么要让自己如此忙碌,她回答:"为了让自己没有时间烦恼、忧伤。"奥莎丁·琼森和丁尼生一样,发现了一个真理——为了不让忧伤侵蚀,尽力使自己忙碌。

伯德华将军在南极万年大冰河埋没下的小屋里,度过了5个月全然孤独的生活之后,也发现了这一个真理。孤独的5个月生活,方圆六百里内,没有任何生物,寒气逼人,耳朵都快被呼啸而过的狂风刮掉,呼出来的气也都像要结冻。他在其著作《一个人》中,揭示了他在困惑、忧虑、失望、黑暗中所度过的5个月生活。连白昼也漆黑一片的世界,只有不停的忙碌,才能使他免于发狂。

晚上在熄灭灯笼之前,我养成了把时间用来准备次日工作的习惯,花一个钟头挖躲避用的隧道、30分钟除雪、一个钟头保养燃料用的汽油桶、一个钟头在食物隧道墙上做一个食物架、两个钟头用来修理坏掉了的雪橇等等,总是尽量给自己添一些工作。

这样一来，时间便好打发了；否则每天尽是漫无目的地过活，不久将临世界末日，一切都将崩溃。

希望各位注意最后的这一句话："生活要是漫无目的，一切都将崩溃。"

如果心中有烦恼，请不要忘记老早以前就被用来代替药剂的"工作疗法"。多少医生都曾说：对于心灵受到伤害而恐惧、怀疑、忧虑、犹豫的精神病人，只有让他们从工作中去获得生活下去的勇气。

如果闲散，就会马上受到忧虑围剿，一旦被这小恶魔缠上，我们的战斗力和意志力就会被它破坏，而变得慵懒无力。

我认识一个纽约商人，他就是利用忙碌的工作来战胜那缠人小恶魔的。他是我成人班上的学员，我对他克服烦恼的经验谈非常感兴趣而且印象深刻。下课后，我就邀他一起晚餐，我们就在餐厅里聊将起来，不知不觉夜已深沉。以下就是他亲口告诉我的：

18年前，我因烦恼而失眠，无端的紧张、忧虑、神经过敏，就像要崩溃了。我知道自己忧虑的原因。当时，我任职于纽约某公司的会计课。公司投资50万在草莓罐头的制造上。20年来，罐头一直是批发卖给冰淇淋的制造业者的，但以前的一些老主顾、大冰淇淋厂商却突然不再购买我们的罐头。

不但公司投资出去的 50 万元成本收不回，往后一年百万美元的订购契约也泡汤了，银行借款也高达 35 万元。这些债当然还不起了，我的烦恼是理所当然的。

我立刻飞往加州，向董事长报告这个紧急情况，并说明公司即将面临破产危机。董事长却听都不听我说，就把所有的责任推卸给我们纽约分公司，并责备我们营销不良。

经过了几天的请愿，好不容易说服董事长停止草莓的装罐作业，同时将公司买进的草莓运送到旧金山的果菜市场。问题解决了，我的烦恼当然也停止了。但事实上并没有这样，我似乎已养成忧虑的习惯。当我回到纽约时，又开始烦恼了。我忧心向意大利订购的樱桃的质量、向夏威夷购买的菠萝的价格……我又再度紧张、忧虑、睡不着觉、神经衰弱，我真的快精神崩溃了！

绝望之余，我改变了生活方式，结果烦恼一扫而光，不再失眠。因为我使自己忙碌得不可开交，已经没有余暇去烦恼了。以前每天工作 7 个钟头，现在每天都要工作十五六个钟头，早上 8 点上班，每每留到深夜才回来。接了新工作并担了新责任，每天三更半夜才筋疲力尽地回家，回到家里一躺在床上就呼呼睡着了。

这样的日子持续了 3 个月，就改掉了烦恼的恶习，于是我又恢复每天工作七八个钟头的常态。这是 18 年前的事了，此后我就不再失眠或忧虑了。

杰出的琼西·巴纳德休也说："陷入悲惨忧伤的情绪，是因为有时间去破坏自己的幸福。"反过来说，忙碌于工作就没有时间去想那些，同时也可使血液畅通、头脑灵活、生命力强韧，烦恼自然而然一扫而光，所以请忙碌、维持忙碌吧！它是世上最实惠有效的身心疗剂。

让我们再复习一下战胜忧虑的原则是：保持忙碌。

忧虑的人必须将自己麻醉在繁忙中，才不会溺毙于绝望的深渊。

7. 千万别被忧虑击倒

有个我终身难忘的戏剧性故事，是新泽西州的罗伯特·摩尔告诉我的：

1945 年 3 月，我学得了生平最大的教训，当时在亚洲海域，水深 87.5 公尺的海底，我是潜水艇贝牙号 88 名组员中的一个。我们根据雷达侦测，发现一艘日本的小护航舰正向我们驶来。黎明将近，我们开始潜航以伺机攻击。从潜望镜看到他们的驱逐舰、运油船以及鱼雷舰。我们瞄准了驱逐舰发射了三发鱼雷，却没有命中。而这艘驱逐舰似乎没有发现受到攻击，还是照常前进。

不料，驱逐舰突然改变方向朝我们这边来（因为日本飞机看到海面下 18 公尺的我们，于是用无线电通知鱼雷舰这个方向），为了不再被发现，我们潜至 46 公尺的海底，为了消除舰

别让忧虑谋杀你自己

Bie rang you lü mou sha ni zi ji

艇的声音而关掉了换气扇、冷气装置、及所有电源开关。

3分钟后仿佛置身地狱般恐怖，6个水中炸弹在舰艇的周围爆炸，我们从水深85.7公尺的海底被冲起，大家都非常惊骇，在水深300公尺内被攻击是危险万分的，在150公尺内被攻击的话，则有毙命之虞，而我们被攻击的地点却在水深75公尺的海底，这是极端危险的。日本的鱼雷舰连续15个钟头投下水雷，而在离潜水艇四五公尺处爆炸。潜水艇被炸破了个洞。无数的鱼雷也在大约15公尺处爆炸。下来的命令是：为保全性命，全要乖乖躺在床上，我因害怕而屏息沉思。艇内更因换气扇及冷气装置都关闭，温度超过华氏一百度。我却因害怕连脊背都觉得冷，穿着毛衣和夹克，还直打冷颤，牙齿咯吱咯吱响，冷汗直冒。攻击长达15个钟头后，突然停止。

显然，舰队已撤离了。这15个钟头倒像是一千五百万年那么久。我的一生在这段时间内重现了一遍，我想起以往所犯的错误及烦恼等——入海军前我是一个银行职员，终日抱怨着工作时间太长、薪水太低、没有前途、无力购买房子及买新车、甚至没有能力买漂亮的衣服给妻子、更痛恨爱找麻烦的银行经理。我记得情绪恶劣的我是如何因琐事而与妻子大吵大闹、也抱怨因车祸而留下前额疤痕破坏了容貌的俊美……

数年前，烦恼的理由愈来愈多，但这些和这生死攸关的15个小时比较起来，是何其微不足道啊！于是，我发誓只要能够重见天日，就永远不再烦恼。潜水艇内恐怖的15个钟头里，我领悟到了生命的意义，对人类的生活方式也有一番新的悟解，这比我在大学 4 年从书本中学到的还多。

我们经常要面对许多人生的大灾难，但我们却常为一些小挫折而弄得焦头烂额。沙谬耶尔·比卡斯日记中曾有一段他在伦敦围观斩首的情节。人犯沙哈利他在上断头台时，不求刽子手饶他一命，反请他给个痛快，尽管一刀解决，不要慢条斯理地虐待他的脖子。

拜德将军在南极酷寒漆黑的生活中也发现了这道理。他的部下可以忍受各种艰险，反倒为一些小事而弄得心神不宁。他们对危险、障碍或零下 80 度的严寒都安之若素、忍耐有方，但却会互相猜忌对方侵入自己睡觉的地方而彼此不说话。

"在南极的营帐里，诸如此类琐碎的事，也会使有教养的人脾气暴躁发狂。"拜德将军还提到，"琐事正是婚姻生活中争执不休的起因，世间大半的忧虑都来自一些琐碎的小事。"

确实，很多权威者也有同样的看法。例如，芝加哥的沙巴斯推事法官调停过高达 4 万件的不幸婚姻。他说，不幸的婚姻往往由于婚姻生活中一些不值争议的琐事造成。此外，纽约地方检察官法兰克·里根也说："社会上多半的犯罪原只是导源于微小的冲突。酒吧里的虚张声势逞英雄、家庭里的争论、粗鲁话、恶言相向等，甚至演变或暴力或杀人事件。世间大半的心痛都是由于我们自尊心受损、被人侮辱、虚荣心被伤害等。"

罗斯福夫人刚结婚时，因为烹饪不得要领而闷闷不乐了好几天，但如果换成现在，她便会耸耸肩，一笑置之。是嘛，这才像个大人啊！即使贵为俄国女皇的凯瑟琳，在政治上独霸一方，但当厨子饭菜做坏了，她也只是微笑地把它吃下去，包容了这个过失。

芝加哥的一个朋友曾招待我们夫妇晚宴。男主人笨手笨脚地切错了肉，当时我没有注意到。然而即使注意到了，我也不会在意的。但他太太不但注意到了，而且就在我们面前对他发起牢骚来："琼，你怎么搞的！难道你忘了正确的切法啦！"

之后，她对我们说："他就是这个样子，老是犯错！"也许他真的经常犯错，但他能和这样太太共同生活20年，实在叫我对他佩服不已。与其在发牢骚声中品尝山珍海味，不如在愉快的气氛下吃着涂芥末的热狗。

后来，我和太太邀请了几个朋友到家里聚餐，朋友即将到之前，太太注意到餐巾和桌布有些不相称。

聚会结束后，妻子对我说："我想冲去问厨师，他说有三块餐巾送去洗了，所以用其他的餐巾代替。已没有时间好换，心中真是急得想哭，而且愈想愈急。突然我念头一转：算了！既然无法挽救就任它去吧！我决心让气氛很愉快，于是入席和他们谈笑自若。因为我宁可朋友们注意到那三块不相称的餐巾后只认为我是懒散的主妇，也不愿他们觉得我是个紧张、暴躁且易怒的女人。"事后证明我太太这一聪明的做法，的确使我们享受了一顿愉快的晚餐。

有句关于法律的名言："法律不管小事。"

如果你不想烦恼而要心安的话，必须取法此道，拒绝琐事来叩门。

为了不让琐事烦心，得改变一下所努力的重点——尽量创造愉快的心境与想法。我有一个作家朋友霍马·克洛伊在纽约公寓执笔写作，常被暖气机的噪音吵得心浮气躁、心神不宁。他说："有一次，我和朋友去露营，营火熊熊、劈里啪啦地燃着，我心想：这声音和暖气机的蒸气声好像。然而，为什么我会喜欢这个而讨厌另一个呢？回家后，我告诉自己：'燃烧的火焰劈里啪啦的声音是快乐的。暖气机的蒸气声不也和它一样吗？那么别再去在意它吧！'结果，果真做到了。头两三天还会为其所苦，不久就全然忘记它的存在了。大多苦恼都是自寻的。我常常无故讨厌起某事，也常常对诸事夸张，以致焦躁不安。"

英国首相狄斯雷里曾说："人生苦短，怎堪我们再去拘泥一些小事。"

安德雷·摩洛在杂志上就说："这句话在我最苦难的时候，支撑了我的意志。我们常为一些不足挂齿的芝麻小事而弄得身败名裂……我们活在世上不过数十年，何苦把时间浪费在这些无谓的烦恼上，时间是无价的，没有东西可以取代。该致力于伟大的思想及不朽的事业上，如果还拘泥于小事，人生就更短暂了！"

即使卓越的作家吉卜林，有时也会忘记"人生苦短，不胜琐事苦恼"的事实，以致和他义兄发生争论，甚至演变成佛蒙特州史上最有名的诉讼。连报章杂志都争相报道。

　　吉卜林和佛蒙特州姑娘凯洛琳·布雷斯第在佛蒙特州的布拉德鲁波建了一个美丽的家，打算在那里长相厮守。他的拜把兄弟比迪·布雷斯第和吉卜林因而成为姻亲，两人一起工作一起游戏。

　　不久，吉卜林向布雷斯第买了块地，布雷斯第也取得吉卜林的同意，随着季节的改变，他可以任意割取地上的牧草。但有一天吉卜林把那块地改造成花圃，布雷斯第知道后气得快炸了，几乎要毁了花圃。吉卜林也不服输，双方弄得很僵，情势有如炸弹，随时有爆发之虞。四五天后，吉卜林骑车出门，布雷斯第驾着马车撞过来，吉卜林跌下车来，围观的群众议论纷纷。吉卜林头昏脑胀、怒不可遏地要求警察逮捕布雷斯第。轰动一时的诉讼就这么开始了，新闻记者蜂拥而至，消息很快传到世界各地。就为这一场争执，吉卜林被迫离开美国，在美国安居乐业的梦想就此破灭，原因却只因牧草等无聊小事。

　　两千多年前，海格拉斯就曾经说过："罢了各位，我们实在浪费太多精力在小事上了。"

　　以下是哲人埃默森所说有关巨木胜败的故事：

　　科罗拉多州的隆古斯峰上躺着一棵巨木，专家判断其树龄长达 400 年。在哥伦布登陆圣萨尔多时，它还是株幼苗，当英国的 102 名清教徒在曾利马斯登陆时，它也只是一棵小树，历经 14 次的雷劈，4 世纪时时不辍的雪崩、暴风雨的侵袭，它依旧傲然挺立，生气盎然。然而最后却因一群白蚁的啃噬而不支。这群白蚁先是从树皮侵蚀起，继而逐渐啃噬树干，破坏它的生命力。不畏风霜雷雨的巨木却被一根手指就可以捏得粉碎的小虫打败！

我们不也像这棵勇敢的林中巨木吗？我们不畏狂暴的雪崩、风雨，却常被小虫般的烦恼打败，而意志消沉，毫无生机。

数年前我和一些朋友们一起旅行并去拜访洛克菲勒的住宅。但是车子却迷了路，最后好不容易比其他车子慢了一个钟头才到达，而西雷德却拿着钥匙在又热蚊子又多的森林中等迷了路的我们一个钟头。蚊子多到连圣人都要神经错乱的程度，但它们却没有击退西雷德。他在等待我们的期间，折下白扬树枝做成哨笛，在那边吹了起来，所以当我们到达时，看到的是他面对满天的蚊子吭都不吭一声，却高兴自得地吹着自制的哨笛。如今我珍藏着这哨笛，当作是对一个懂得处世者的一种纪念品。

因此，战胜忧虑的第二铁则是：别让那些无谓的小事扰乱我们的心绪。

记住：这些小事，正是你人生的白蚁，只能摧毁自己的幸福而已。

8. 将烦恼拒于门外

我的童年是在密苏里州的农场度过的。有一天，一边帮妈妈的忙，一边摘着樱桃时，我突然哭了起来，妈妈问我："戴尔，怎么啦？"我边哭边说："好可怕呀！我总觉得好像会被活埋。"

那时的我，烦恼的事情多得数不完：打雷了，怕被电死而心惊胆跳；看到收成不好，担心会饿死；怕死后要下地狱；害怕比我大的山姆·霍伊特真的如他所言把我的耳朵割下；担心脱下帽子和女孩子打招呼会被取笑；忧心没有女孩子愿意嫁我；害怕婚后要和妻子说些什么，担心要在哪个教堂举行婚礼……

怎么办，怎么办呢——好长一段时间，我不断地烦恼这些问题。

随着年岁的增长，我知道以往我所烦恼的事有 90% 是绝对不会发生的。

比如说，过去我怕闪电，现在根据国民安全审议的报告得

60

知，每年被雷电击毙的比率是三十万分之一。

担心被活埋也是很荒谬的。即使在木乃伊流行的时代，被活埋的比例，一千万人中也不过只有一个。而我却一个劲儿地担心被活埋。

8个人中就有一个死于癌症，如果为此忧心，至少比起担心闪电雷劈或活埋多少还有点道理。

这里所介绍的虽是一些少年可笑的烦恼，但大人也有很多愚蠢的烦恼。你如果比照实际情形判断自己的烦恼值不值得，相信90%的烦恼必能不治而愈。

世界最有名的保险公司——伦敦的洛伊德即利用人类这种不切实际的忧虑心理而赚到大笔的钞票。洛伊德以一般人所担心的灾难不会发生而下赌注。只是他们不称之为"赌"，而名之为"保险"，而他们所根据的不外是所谓的"统计法则"。两百年来，这个大保险公司的业务鼎盛，且这种趋势将持续下去，除非人类心理改变，不再做无端的忧虑。

更加了解"平均值"法则之后，我们会惊讶于一个事实——例如，假设预知5年后，你必须参加和盖茨堡战役同样残酷的战争，相信不久你将成为恐惧的俘虏，而想尽办法参加各种人寿保险，写好遗言，预测自己将无生还的机会，仅余的数年大约也绝望得生不如死。但依统计资料分析，在盖茨堡战役伤亡的比率或许还不及中年人死于疾病的情况。

本书有数章是在加拿大朋友的别墅里完成的。我在那边度过了一个夏天并认识了家住旧金山的沙林杰夫妇。沙林杰夫人是一个温和娴静的女性，让人觉得她是不知忧虑为何物的人。有天傍晚，我问她可曾苦于忧虑。她说：

何止呢，我的生活都要被它摧毁哩！我曾因此过了 11 年自筑的地狱般的生活。我生性冲动，容易生气，每天过得紧张兮兮。每个礼拜要到旧金山买东西，在买东西的时候也因忧虑而直发抖，我担心熨斗有没有忘了关掉、家里会不会发生火灾、仆人有没有看好小孩、孩子们在脚踏车上玩会不会被车子压到……一想到这些便不安得直冒冷汗。于是，买东西途中也迫不及待地去搭车赶回家；为确定家中是否平安无事，我第一次婚姻就是在这种极度不安的情绪下宣告破裂的。

第二任丈夫是个律师，什么事也苦恼不了他，他是个冷静而有修养的学者。只要我一紧张或生气，他一定对我说：快乐点，好好想想看，到底担心什么呀？看看统计表或许有用哟！

有一次我们开车出游，泥泞的途中，遇上了突来的暴风雨。车子行驶在滑路上，车轮好像随时都要掉下来般，我一直担心车子会掉到沟底，但我先生却只是轻松地说："不会出事的，不需要担心！我开得这么慢，就是掉到沟里，也不会造成任何伤害。"由于他的冷静和自信也使得我沉着冷静下来。

有一个夏天我们到加拿大溪谷去露营，那天晚上，我们扎营在海拔两千公尺的海边，却遇上了暴风雨，帐篷好像快被吹打得粉碎。帐篷是利用支柱的钢条和地板相接，而外围的帐篷因暴风的关系而摇摇欲坠。我一直为此害怕得浑身发抖。但我先生却对我说："别担心啦，我们和指导员们在一起，他们有许多丰富的经验，知道该怎么处理这种情形，况且依照概率来看，今晚帐篷也不会被吹倒，何况万一真的被吹倒了，我们还可移往其他帐篷呀！所以别担心啦，快乐点……"听着听着，我心情平静了下来，那一夜睡得香甜。

数年前，我们的家乡加利福尼亚州流行小儿麻痹症。我先生很冷静地做了万全的准备，让孩子远离人群，不去学校或电影院。后来询问卫生局得知，即使在小儿麻痹最猖獗的时期，全州小孩子患病的数目也不过是1835人，而一般情形只是两三百人。我因此安心许多，因为小孩患小儿麻痹的比率微乎其微。

听到"依比率来看，它是不会发生的！"这句话，我的烦恼就消失了90%。于是20年来，我的生活过得宁静而愉快。"

烦恼和不幸都是想象的产物，回顾过去，我发觉大部分的烦恼确是如此产生的。杰姆·葛兰特也曾告诉过我同样的经验。他在纽约经营一家配运公司。经常都载运好几十车的橘子和葡萄从佛罗里达州到纽约。他经常杞人忧天地想：不晓得货车会不会发生事故、水果会不会散落一地、当货车通过时铁桥会不会断掉了等等……当然，那些水果都是投了保的，而他所担心的不外乎怕水果无法如期送达而失去了市场。在这严重的忧虑下他患了胃溃疡，不得不就医。医生告诉他，完全是情绪因素造成的。

如此一被点醒，光明乍现。他自问自答："杰姆，你经手过几辆货车？""大约 25000 辆。""那么发生事故的有多少？""5辆吧！"才 5 辆——那换句话说，5000 辆中也只不过有一辆罢了。依此推算，你的货车发生意外的概率不过是五千分之一罢了，还有什么好烦恼的呢？"但是，说不定铁桥会损坏呀！"即使如此，你真正的损失又有多少？""零！因为保险公司会赔偿。"真是愚笨透顶，竟为了五千分之一概率的意外就担心得胃溃疡。这么一想，他不再为这概率极小的事而杞人忧天，胃溃疡也不再恶化了。

阿鲁·史密斯竞选纽约州长时，遇到政敌的攻击时，就不断告诉自己："看看统计记录，了解一下情况……"当我们因担心什么事可能发生时，不妨试试这种高明的做法，首先查查过去的记录，这样也许能帮你减少许多忧虑。以下是富雷迪利克亲口陈述的故事：

1944 年 6 月初旬，我藏身横卧在阿马哈海滨附近细长的战壕里，我是第 199 通信中队的一员，过着洞穴生活。从细长的战壕中环顾，那长长的方形坑洞简直就像坟墓，躺在里面睡觉时，简直就像真的躺在坟墓里一样。我不自觉地想到，说不定这里就是我们的葬身之地。有天晚上 11 点德军来袭，开始向战壕里投炸弹，我因害怕而身体痉挛。最初的两三晚都无法入睡，第四五晚甚至神经都要崩溃了，自忖若不快设法消除这些恐惧将会疯掉。第 5 个晚上，我突然惊觉到自己还是安然无恙，而伙伴们也只有两位受了伤，且非伤于德军的炸弹，而是被我方高射炮炸裂的碎片所击伤的。发觉到这些事实之后，我决心做些建设性的事情来消除无谓的烦恼。因此，我就在战壕的上端铺盖厚木板，以防炸弹的碎片，并对自身的处境加以深切了解，其实在这么深的战壕里，只有直接被敌方的炸弹击中时，才有致死的可能。然而击中率只有万分之一以下。获悉这个情形，我便顿时宽了心。此后两三天，即使在敌方的轰击中，我也能够安然地一睡到天明。

美国海军为了鼓舞士兵们的士气，常利用这种统计资料。据一位已退休的海军说，有一次他奉命和他的同事驾驶运送辛烷汽油的补给舰。当他一听到这样的任务，竟害怕得身体僵硬，他们担心万一油轮被鱼雷击中，船必会炸得粉碎，且坚信自己必粉身碎骨、葬身海底无疑。

但是司令总部知道了这一件事实，于是除了发表正确的统计数字外，同时强调即使被鱼雷击中，有60%的船不会沉没，而沉没的40%中，只有50%是在10分钟内没入海中的。换句话说，若真遇到意外，还有时间去抢救，根本很少人会因此死亡的。这就有助于提高士气吗？

这位明尼苏达州已退休的老海军说："这些统计数据使得我的不安情绪一扫而空，所有的组员全恢复了士气，我们知道绝对不会有危险发生，依这些统计资料来看，我们不会在这次任务中丧生。

所以，要战胜忧虑的第三原则就是：依比率来看事物。

详查过去的记录，并自问："依照统计资料，我所忧虑的事真的会发生吗？"

9. 面对无可避免的现实

我小时候曾和几个朋友一起在密苏里州西北一间古老的废屋屋顶玩耍，学习小飞侠从天而降。就在跳下的当儿，第3根手指被钉子钩住，手指头断了一根。

惊叫、害怕，我担心会因而死掉，但是不久伤口愈合后，就不再害怕了，不再为断指而深感惋惜，因为我接受了命运的安排。

现在，我已难得去注意左手只剩4根指头的事实了。

数年前，我认识一个在纽约经营电梯生意的人，我马上注意到他的左手自手腕以下全被切断。我问他不在意吗？他回答："这没什么，我想都没想过，我是个单身汉，唯一会让我想到这件事的，大概只在穿针线的时候。"

实际上，在不得已的情况下，我们都能够接受并适应许多令我们意外的事实，并忘记自己曾受过的伤害。

我偶尔会想起，在荷兰阿姆斯特丹一座 15 世纪时的教堂废墟里所见的碑文，上面以法文写着：

当我们漫步在漫长人生路时，会遇到很多不愉快的事情。那是无可奈何的。但你保有选择的权利——面对这一不可改变的现实，你是要接受考验，还是要逃避而沮丧不已？

以下是心理学家威廉·詹姆斯的名言：“坦然地接受已发生的事情吧，接受是克服不幸结果的第一步。”

波特兰市的伊丽莎白在饱受苦难之后，有了这样的领悟：

正当美国举国庆祝军队在北非的胜利时，我突然收到作战总部来的一封电报，上面说我最疼爱的侄子在战争中行踪不明，不久另一封电报带来他的死讯。

我痛不欲生。在此之前我一直过得快快乐乐的，有一个满意的工作，全心全意抚养这个侄子，好不容易才把他抚养大，他是很有男子气概的年轻人，一切都显得很美好，然而这封电报却把我一切的美梦粉碎，使我的整个世界崩溃了。生存变得没有意义，工作的斗志也荡然无存，和朋友渐渐疏远，我开始恨这个世界、也恨别人、更恨上帝为什么夺去我最挚爱的侄子——为什么要毁掉一个如此善良、前途无限的年轻人呢？我无法理解！悲痛之余决心辞去工作、换个住所。

一边整理桌子打算辞职，却发现了一封信，几乎遗忘的一封信，是侄子在数年前家母逝世时寄来的。信上写着："……
当然是件令人悲痛的事，尤其身为女儿的您。但我深信您是个
坚强的人，必能克服悲伤重新站起来。我永远会记得您教我的
种种真理，不论离您多远，也不论发生什么事，我一定记得您
教我的：微笑地接受那已发生的事，像个男子汉，要勇敢、坚强。"

我反复看了这封信，仿佛侄子就在旁边和我说："为什么
您做不到教我的那些道理？不管发生什么事，都要勇敢面对。
用微笑来替代悲哀，不要服输呀！"

于是，我重回工作岗位，不再怨天尤人，我不断对自己说，
"既然发生，已不可挽回，但是我自信定能如侄子所希望的坚
强起来。"我将所有的精力投注在工作上，并写慰问信给前线
战士，晚上则去上成人教育课程，吸取新知，交新朋友。一段
时间之后，我几乎不敢相信自己的改变，过去的伤痛已痊愈，
现在我每天过得很喜乐——正如侄子所希望的。由于接受了命
运的安排，我得以过着一种充实的全新生活。

伊丽莎白学得了一件我们迟早都得知道的事情，就是：
"以愉快的心情接受那无法改变的事实，面对它是克服不幸的
第一步。"

这确属不易，就连头戴皇冠的乔冶五世也在白金汉宫里的
墙上贴有这么一句话，"别为逝去的岁月哭泣，别为倾覆的牛
奶懊恼。往者矣，来者可追。"

确实，环境并不能决定一生的幸或不幸。环境本身并不能

左右我们的悲喜，而是对情境的反应主宰了我们的情绪。所以耶稣说："天堂就在你的心里。"同样地，"地狱也在你的心里。"

我们每个人都能够忍受悲痛、灾难的挑战，而终于获得胜利。也许你觉得不可思议，但是我们确实隐藏着坚强的生存潜力，当我们运用它时，就能得到极大的恩惠，我们比想象中还坚强的！

已故的布斯·达金德常说："我可以忍受上天给我的任何变故，唯一令我无法忍受的是失明。"然而在他60岁的某一天，他想在毡上补一些粗针，却突然觉得眼前模模糊糊连图样都看不到了。在他遍访眼医后，确定了他所害怕的悲剧终于发生了——双眼相继失明。

对于这样一个最悲惨的遭遇，达金德的反应如何呢？是咒骂"完了，我的一生就此完蛋了？"吗？不，出乎意料的，他精力旺盛、心情爽朗，甚至谈笑如昔。飘浮在空中的"斑点"使他烦恼，因为它们在眼中晃来晃去，遮蔽了他的视线，但是大的斑点还是出现了。"呀！老伯，你还是来啦，这么大好的清早，你上哪儿去呀？"他开玩笑地说着。

命运能够挫败这样坚强乐观的人吗？在双眼都失明的时候，达金德说："我发现自己对于丧失视力，也能如其他事情一样坦然接受。我知道即使我五官都失灵了，我还有内在的心灵世界，可以感知外在的万象，可以支持我的生命。"

为了恢复视力，他一年动了12次以上的手术。而且都是局部麻醉，他因此就埋怨吗？不！他知道这是不可或缺的步骤，既是无可避免的，且为了减轻苦痛，最好就是欣然接受已发生的事实。于是他拒绝住在个别的病房而搬到大病房和各种病患住在一起，并致力于鼓励他们。即使经历好几次手术，也觉得自己是很幸运的人："我是何等的幸运，生存在这医疗发达的社会里，连眼睛这么细微的器官，医生都能在里面进行手术。"

如果是一般人，想必会在 12 次以上的手术及失明的痛苦折磨下而精神崩溃。然而，达金德却学得了："由于这个宝贵的经验，我学会了忍耐，并且领悟到人生就是再悲惨再不幸，也没有无法忍受的道理。"就如弥尔顿所发现的道理一样："失明本身并不悲惨，真正悲惨的是无法接受失明的事实。"

新英格兰的女权运动者玛格莉特·法拉有个信念："接受自然、宇宙所赐给我的一切。"

确实，我们得接受无法抗拒的事实。我们一再抱怨不可避免的命运，但这些遭遇既然是无法改变的，我们就得面对它。

以前，我曾傻得要抵抗既成的事实，结果却是彻夜失眠，有如置身地狱般痛苦，这样经过一年的自我折磨，我终于接受了一开始就无法改变的事实。

我想奉劝大家学习树木或动物，承受各种自然的洗礼，无怨尤地面对黑夜、山洪、饥饿与意外等等——它们因此无忧无虑。

饲养家畜 12 年来，从没有看过乳牛因吃醋或面子而斗得不可开交的。动物们能够平静地面对黑夜、狂风或饥饿，所以它们不会发生精神崩溃或胃溃疡。

我这么说，并不是主张要向不幸低头，也不是所谓的宿命论，而是在可使事态好转的范围里尽力挽回，但是一旦事实已无可改变，就不要再拼命挣扎，而要勇敢地面对命运的安排。

哥伦比亚大学已故的训导长的人生哲学："治疗世间诸病，有什么独到的方法吗？没有。要是能有办法就试试看，要是没有，就不要耿耿于怀。"

写这本书时，我曾访问许多美国名企业家，印象深刻的是，他们都能坦然面对无法逃避的命运，而得以过着无忧无虑的快乐人生，如果不这样，他们必然早在紧张的商场上精神错乱了。例如：J·贝尼跟我说："即使我公司亏钱，我也不会烦恼。烦恼有何帮助，只是于事无补，我只知尽最大的努力，最后的结果则不是我所能决定的。"

亨利·福特说："我走入业界后才发现，忧虑是于事无补的。所以一遇困难，我总尽量克服；若非我能力所及，我就干脆忘掉它，而不为它困扰。"还说："假如我感觉问题很多，我便撒手不管，任由问题自己去解决。"

卡斯特有限公司董事长K·凯勒说远离烦恼的方法是："面对逆境，若能有所改善，则努力扭转，若已无计可施，就忘了一切，因为没有人能够预测未来，而影响未来的变量又那么多，不是人们所能理解的，既然如此，又何必烦恼呢？"若称K·凯勒为哲学家，他必定羞红着脸谦称自己只不过是个生意人。而其人生哲学却和1900年前耶皮克·帖特斯所主张的一样。他说："通往幸福的道路只有一条，就是不为无计可施的事烦恼。"

被尊称为"圣萨拉"的萨拉·伯尔尼哈特正是最好的例子。

半世纪前，她横跨四大陆的剧场所向披靡而被称为剧场的女王，71 岁时的她用光了她所有的财富，宣告破产，同时她的主治医师伯奇教授也宣告她的脚已回天乏术必须切除，那是在横渡大西洋遇上猛烈的暴风雨时不小心摔落甲板上，静脉炎恶化而导致的脚部萎缩。无法忍受的剧痛，使医生决定把伤腿切除。医生不知如何将这像暴风雨一样强烈与震撼的消息告诉她，唯恐她听了会歇斯底里。但医生猜错了，当她听到这样的诊断时，只看了医生一眼，然后以一种非常平静的语调说："如果这是必要的，就照做吧！"

当她躺在手术车上被推往手术房时，她的儿子热泪盈眶，她却对自己的儿子做个洒脱的手势，语调轻松地说道："哪儿都别去哦，我马上回来。"

推进手术房途中，她默背了一段剧场的台词，问她是不是为了鼓励自己，她回答说："不是，是为了鼓励医生和护士，因为大家都紧张兮兮的。"

手术回来后，萨拉还做了 7 年的世界巡回演出，风靡了全球各地的观众。

耶利西·马可密克在《读者文摘》写道："一旦接受不可改变的事实后，反而可以产生一种不可思议的精神力量而得以创造一个更丰实的人生。"

世上没有一个人有这么大的能耐，能够与无法改变的现实作对。既是这样，何不省力气，把它用来创造一个新生活。这两者只能择其一，你拥有完全的自主权，而两者的得失你一定也非常明白。

我在密苏里农场时，这类的例子触目可见。农场以前种了很多树木。最初，那些树发芽，悠然成长，不久暴风雪摧折它的枝桠，厚厚的冰雪覆盖它。然而那些树木却不因冰雪的重荷而低头，反倒更顽强地抵抗，终因不胜重荷而枝干颓折，最后倒地不起，那些树木要是知道向北国森林学习就好了。我曾跋涉过加拿大的长青树林好几里，它们不曾因风雪吹折而颓倒。这些长绿树林的保身之道在于知道何时要下垂枝干与无可避免的势力同步。

柔道高手都深知："要像柳条一样柔韧能屈，别像橡木一样顽强抵抗。"

你有过车子在路上爆胎的倒霉经历吧？当初轮胎制造业者在制造时也曾想要生产一种能耐路面冲击的轮胎；然而轮胎却常破烂不堪，于是他们就生产一种顺应路面颠簸的产品，这样的轮胎十分经久耐用。我们在人生的崎岖路上，不也应该学习这种顺应逆境，吸取冲击的方法吗？若能如此，必能开拓一个更开阔、更舒适幸福的人生旅途。

如果不顺应人生的种种打击而一味顽抗又如何呢？不如柳条低垂，而如橡木刚强顽抗又会如何？答案很显然：只是徒生困扰而导致不安、紧张、精神错乱罢了。

因此，如果拒绝面对残酷的现实世界，而一味逃往自筑的梦幻世界，你只有走向疯狂一途了。

大战中数以百计的士兵们不是接受一些无法避免的恐怖事

实，就是在恐惧中疯狂或死亡。下面就是威廉·卡斯露斯的亲身经历：

　　进了沿岸防卫队之后，马上被派遣到大西洋数一数二的酷热地方去。任务是看管炸药，各位想想看，一个身为苏打饼售货员竟然转身一变为爆破教官，只要想起站在几千吨真火药当中就毛骨悚然。我只受训两天，有了初浅的认知之后反倒更加害怕，我永远忘不了第一次的任务。在一个云雾迷漫黑暗的晚上，我下令打开纽泽西的卡文码头。

　　我负责的是第5船舱，和5个船内的工人一起工作。体格魁梧的他们对爆炸物却一无所知。他们所运的大型高性能炸弹含有一吨爆炸力特强的火药，已足以摧毁那艘旧船。这个大型的高性能炸弹以两条电缆从船上吊运下来，我不断地担心万一其中一条电缆松了或断了……天哪！我害怕得直打哆嗦、口干舌燥、四肢无力、心脏更是怦怦跳。但是，脱逃也不是办法呀，那不就是逃兵了啊！如此一来，只有颜面扫地、尊严尽失、双亲也将蒙羞，况且说不定要被枪毙呢。所以实在没有逃避的理由，只有留在原来的工作岗位，目不转睛地监视他们搬运以防任何粗心大意的事故。在担心不知何时船会爆炸的恐惧下，度过了惊心动魄的一个钟头，才恢复正常的意识，自己勉励自己要沉着冷静，安慰自己不会出什么大差错的；就算会有疏忽，不也是一种迅速痛快的死法吗？总要胜过缠绵病榻。多傻啊！人难免一死，究竟要勇敢地担下任务，还是被当作逃兵给捉回枪毙呢？

　　就这样不断地告诉自己，而得以渐渐地稳住心情，最后，我接受了这个不可能改变的事情，终能克服不安和恐惧。

　　此后，我总是忘不了这一次的教训，每当为自己能力所无法解决的事烦恼时，便潇洒地耸耸肩要自己忘了它。而这个方法对一个苏打饼售货员的我来说，非常有效。

　　"万岁！"对一个身穿制服的苏打饼售货员，我们是不是该高呼三声万岁！

　　除了基督的十字架刑外，名留青史脍炙人口的临终场面要算是苏格拉底的死了。至今人们看了柏拉图的记述——所有文学作品中最凄美的文章——都还会感动得热泪盈眶。羡嫉裸足的苏格拉底的雅典权贵，加给他莫须有的罪名而宣判他死刑。同情他的狱卒一边劝他饮下毒药，一面对他说："既是无法挽救的事，就勇敢地接受吧！"苏格拉底照着他的话喝了毒药，神情是令人难以置信的镇定。仿佛已经彻悟了人生。

　　"既已无法挽救，就勇敢地面对。"这句话早在纪元前399年就有了，但是在烦恼不断的今日，我们比过去任何时代的人们更需要它。

　　过去8年，我尽力搜集消除烦恼的文章。各位一定想知道我从中所得到的最佳烦恼消除法吧？于此，我以几句简短的话奉告诸位，你不妨将它贴在浴室的镜子上，每当洗脸时，也同时洗涤一下心灵的忧虑。这个宝贵的祈祷词是尼伯哈教授的：

"请求上帝赐我冷静的心，让我有足够的智慧去分辨事态的性质；如果它是无法挽回、不可改变的，就让我放开心胸坦然接受。如果还有补救的希望，就让我有足够的勇气去奋战到底。"

所以，战胜忧虑的第四个原则就是：接受无法改变的事实。

10. 人生要懂得"刹车原理"

想必诸位都想知道如何在华尔街赚大钱吧？有此念头的恐怕不下百万人。如果我知道答案的话，这本书大概可以定价美金一万元了；但它却揭示出一些成功的商人的处事观念，下面的故事就是理查德斯·罗伯——一位投资顾问亲口告诉我的：

最先，我向朋友借了两万美金投资股票市场，赚了一些钱，可是在另一次投资中，竟弄得血本无归。自己的钱全赔上了倒不要紧，但连朋友的钱也被我赔掉了。或许那笔钱对他来说并不算什么，但我内心却十分过意不去。损失惨重之后再和他们碰面总觉得十分抱歉。然而令我惊讶的是朋友十分开朗，是个十足的乐天派。而我也发现该听听别人的意见，然后再试试运气。就如H·菲利普所说的："以耳朵来寻找机运。"

我一方面反省自己的过错，同时重新向股票市场出发，并决心摸清股票行情及所有有关的知识，于是我打算请教在股票市场颇有心得的老前辈波顿·卡斯特，他教给我许多操作股票的技巧，使我知道，他在股票界所享的盛名与成功决不是仅靠机运来的。

他问了我两三个有关处理股票买卖的问题，之后他说自己所采用的原则："不管什么买卖，我都为它设下一个停损点，当价格滑落到某一个停损点范围内，就要出售，这样损失的程度就不会太大。"

我立刻采用了这个原则，很幸运的，如他所言，不仅挽回了过去所损失的钱，同时也为自己赚进了大把钞票。后来我还把这个原则运用在其他处事方面。我常将这个刹车的理论应用在令人丧气的事情上，结果所有的烦恼或不愉快，竟像变魔术般转瞬间消逝了。

例如，我经常和一个没有时间观念的朋友约好一起吃午饭。我往往要闷闷不乐地等上三十多分钟，他才姗姗来迟。后来我向他表明了这个刹车原则："比尔，我等你的时间只有 10 分钟，超过 10 分钟，我们的约会就取消——因为我回去了。"

自从运用了这个刹车原理，避免了很多因暴躁、孤僻、懊恼等情绪性的紧张。以前我常自问，为什么就没有应付烦恼的智慧？且对自己混乱的情绪做了个正确的抉择："够了，快收拾起忧郁的情绪，别再闷闷不乐了吧！"

再让我们看看它有什么功效。当我正处于人生的重大危机——即将毁灭的紧要关头时，它发挥了功用，拯救了我。30岁以前，我有志成为第二个托马斯、第二个哈代……凭着这一股狂热，我在伦敦待了两年。正当第一次世界大战后，通货膨胀相当严重的时代，如果有钱就能生活舒适。那多事之秋的两年期间，我完成了我的伟大巨著《暴风雨》，书名正符合那个时代的背景。当文学评议会告诉我那是一本无价值、无内容、一无可取的作品时，我几乎要休克。

茫茫然地出了办公室，就像被当头棒喝般昏头转向，挫折感太大，全身像虚脱般软弱无力，感觉自己像被逼到人生的十字路口，必须做一选择。到底我该怎么办，我该何去何从？好几个礼拜，我就这样茫然若失地度过，好不容易从低潮中恢复精神，如今想来，才发觉当时运用的还是这个实时刹车的方法。当时我根本没听过所谓的"刹车理论"，只是把这两年来的全力投入当作一种宝贵的经验，然后重新振作，再度回到成人教育工作上，空闲之余则将精力投注于你手边的传记及人际关系实用丛书。

每当回顾自己选择的这条路时，总不禁要高兴得手舞足蹈。从那天以后，我便不再为了不能成为托马斯或哈代第二，而遗憾不已了。

大约一世纪前的某天晚上，瓦尔登湖畔的森林里，正当猫头鹰尖声高叫时，亨利·梭罗使用自制的鹅毛管笔沾上自制墨汁在日记上写着："事物的价值，是以人生作为成本，不过在分量上会比人生略少一点。经时间演变的结果，事物的价值将互相交换。"

换句话说，为了某件事而粉身碎骨是再傻不过的了，但偏偏吉尔伯特和沙利文却做了这样的傻事。他们都得意于创作美好的音乐和戏剧，但可悲的是他们不懂得如何创造美好的人生。

他们创作了许多喜剧，娱乐了世界各地的人们，然而却无法控制自己的情绪。两个人就为了一张地毯的价钱，多年来一直相互仇视。沙利文为他们新买的剧场订购了一张地毯，吉尔伯特过目账单之后非常生气。从此之后，他们两个至死都不曾再开口和对方说话。两人的争议甚至搬到法庭。

沙利文为新剧谱好曲后，也不亲自拿给吉尔伯特，而是邮寄。同样的，吉尔伯特填好歌词后也邮寄给沙利文。有时候，两个人同时站在舞台上谢幕时，也不站在一块儿，而各据舞台的一端，还特意别过脸去，只为了避开对方的脸。他们和林肯不同处，主要在于他们对自己的遗憾、烦恼没有采取所谓的"刹车理论"。

南北战争正激烈的时候，林肯的朋友们争相出言批评林肯的仇敌，然而林肯却不以为然地说："其实我自己一点也不觉得有什么亏损。人生没有太多的时间可供你花费在怨怒上，快停止这种无意义的攻击吧！"

《战争与和平》及《安娜·卡列尼娜》的作者托尔斯泰，在他死前的20年间——1890年到1910年，声名达于顶点，他的崇拜者列队造访，有的只为了看他一眼，有的则为了听他说句话，有的只为了能摸一下他的衣角，把他的一言一行都当作"神的启示"般记录下来。而在日常生活方面，托尔斯泰到了70岁却还没学到人类最宝贵的教训。

托尔斯泰娶了一个热恋已久的少女。他们原本过得很幸福，但是他太太却是个嫉妒心极强的人，她甚至打扮成村妇，跟踪丈夫到森林深处，只为监视他的行动。两个人一见面即吵，口角不断。她的嫉妒心有增无减，甚至连自己女儿的相片也都用枪射穿，还曾吃鸦片、一哭二闹三上吊……那时候，孩子们都吓得躲在墙角颤栗着。

托尔斯泰的情形又如何呢？像个大男人一样愤怒地把家具摔得乱七八糟吧。然而，托尔斯泰生性更恶劣了，他把自己的妻子骂得一无是处。他是有企图的，要藉此让后世同情他而怪罪他的妻子。他的夫人又如何面对此事呢？当她察觉时，气得把日记撕得粉碎丢到火里，然后也开始写日记，以"恶汉"来称呼托尔斯泰，后来并出版了《谁之过》一书，在书中把丈夫当作一名恶魔，而把自己描述成一个受难者。

到底有什么企图？为什么他们的家庭会变成托尔斯泰所谓的"疯人院"。的确是有一些理由的，其中之一就是要把自己的印象强迫加诸他人。他们非常担心后代的我们的评论，担心我们在他们入黄泉后还要奚落他们。这真是岂有此理！我们对于自己的问题都已经自顾不暇了，哪有余力再去想一下他们的事。这两个可悲的人为他们的庸人自扰付出了太高的代价——

他们因而过了近 50 年地狱般的生活。追根究底起来，他们所欠缺的正是"刹车"的观念。不论谁对价值都没有抱持正确的态度，以至于对烦恼都无法实时刹车而浪费太多宝贵的人生。

我深信，对于事物价值的正确判断正是获得内心安详平和的关键。

因此，如果我们对于个人在人生舞台所扮演的价值能有充分的了解，那我们的烦恼就不难消除了。

所以，战胜忧虑的第五个原则是：不论什么时候，只要我们感到挫折、烦恼时，就要自问：

现在我所烦恼的事情，真正妨碍到我的生活吗？

对于烦恼是不是该采取"刹车"理论？是不是该忘了？

对于这个"烦恼"，你该付出多少代价，会不会付出太多了呢？

11. 覆水难收，悔恨无益

纽约的萨德斯私下十分推崇乔治·华盛顿高中的布朗特威博士。萨德斯曾说他从教授卫生学的布朗特威博士身上学得了千金难换的宝贵教训，他说：

20年前，我是一个杞人忧天的人，常常稍一受挫便闷闷不乐。每次交出考卷便开始担心会不会被当掉。常常焦虑得无法入眠。想起做过的事，便后悔为什么不用更好的方法？对出口了的话，也会追悔说得不够恰当。

有天早上，我们班聚集在科学实验室，波尔·布朗特威博士早已在那边等候。他的桌上放了一杯牛奶，当我们坐下来时，所有的注意力都集中在那杯牛奶上，心下揣测着那杯牛奶和卫生学有什么关系时，老师突然站了起来，牛奶被打翻了，他叫着："不要为打翻的牛奶哭泣！"

博士叫我们过去仔细看牛奶杯的碎片："仔细地看啊！你们要永远记住这个教训，牛奶已经打翻了，就算你再怎么懊恼，也不可能再收回半滴。也许会想刚才小心点不就得了？但已经迟了，所以我们目前该做的事，就是把牛奶的事，忘得一干二净，而对未来从长计议。"

至今立体几何学或拉丁文早已忘光了，这样一堂实验课，就像一把火焰烙印得那么深刻。实际上，高中所学的，要属这个教训对实际的生活最有帮助了，我由此学得要小心不弄翻牛奶，而一旦打翻了，就要把它忘得一干二净。

也许有人会认为，"覆水难收，悔恨无益"是陈词滥调而不屑一顾。

虽然是老生常谈的一句话，但却蕴含了深沉的智慧。所谓谚语，就是人类长年累积的生活体验、世代相传的智慧结晶。就算你读遍历代哲学家们所著有关烦恼的书，也无法找出像这些"船到桥头自然直"、"覆水难收，悔恨无益"等意义深长的哲语。如果能让诸位不再嘲笑这两句"陈腐"的谚语，而能实际应用到生活上，就是在文中多费唇舌也是值得的。

我非常尊崇已故的富雷特·法拉杰特先生，他是一个懂得将古老真理融入现代生活，因而受益的人。在《费城日报》执笔的他，在对某一所大学毕业生致词时说："曾拿锯子锯过木头的人，请举手！"大部分的学生都举了手。之后他再问："那么，曾拿锯子锯木屑的又有几个呢？"结果没有半个人举手。当然，拿锯子锯木屑是不可能的，木屑是锯后的残渣，而过去不也像木屑一样吗？为无法挽救的事追悔不已，不就像拿着锯子锯木屑一般吗？"

我曾问过棒球界名人唐尼·克曾否担心比赛失败。当时80岁的他回答说："会啊，但那是老早以前的事了，之后我便发觉担心无益，而且领悟到，想以流逝于河川的水来磨碎谷物是不可能的。同样的道理，如果无法用锯子锯木屑，当然也就无法以逝水磨谷物。而如果你执意如此，就只会徒然在脸上留下皱纹或在胃里栽下胃溃疡的种子。"

去年感恩节，我和杰克森·田普赛共进晚餐，他一边吃着烤火鸡，一边告诉我有关将重量级宝座让给塔尼的比赛。诚然，这个比赛对他来说是很严重的打击，自尊心更是大大受挫。他描述当时的情况说：

正当比赛热烈进行时，我突然察觉自己已老迈，10回合比赛下来，虽然还能挺直站立，但早已筋疲力尽，鼻青脸肿，到处是跌撞的伤痕，只能眼睁睁地看着菲利普·塔尼高举着双手大喊胜利，我已经不是世界冠军了！在雨中我开始收拾自己的东西，用双手拨开人潮走回休息室，途中有几个支持我的观众噙着泪过来和我握手安慰我。

一年后，再度和塔尼交手，然而我真的不行了，因此变得闷闷不乐、愁眉不展，我对自己说："别再活在过去的光荣里，决不能为覆水苦恼，这点失败算什么？我相信自己永不会被击倒！"

那么杰克森·田普赛是如何从苦恼中超脱的呢？是不是不断告诉自己：决不为过去苦恼？不是的！这样只会更加提醒他想起过去。于是他勇敢地接受失败的事实，一扫所有的挫折感，重新再出发。

他决定在百老汇经营杰克森·田普赛餐馆，并在57号街开设了一家旅馆。生活忙碌得无暇再想起过去。他曾说："在这10年里，我过着比得冠军时还充实快乐的生活。"田普赛并没有念过什么书，却在不知不觉中奉行莎士比亚的忠告："圣人从不坐着怨叹一种失败，而会振作精神寻找解决的对策。"

每当我阅读历史或伟人传记，看到那些无畏于逆境而昂然挺立的例子，便不禁鼓舞自己忘掉无谓的苦恼，免于酿成悲剧，抬头仰望蓝天，向更新的生活迈进。

过去我曾造访辛辛那提监狱，我很惊讶狱中的囚犯看起来竟然也和世人一般幸福的样子。为此，我特地和典狱长罗斯谈起，于是他告诉我：犯人刚入狱时都满腔怨恨，常常闹脾气添麻烦。几个月后，大部分都能冷静地接受自己的不幸，认命地服刑，尽可能快乐生活。当花匠的那个囚犯在监狱里，一边种着蔬菜、花草，还一边轻哼着歌呢。

这位边种花草边哼歌的囚犯，实际上懂得比我们多，就如他所知的：

　　事实已经注定，事实沿着一定的路线前进，

　　痛苦、悲伤，并不能改变既定的情势，

　　也不能删减其中任何一段情节，

　　当然，眼泪也无补于事，它无法使你重新缔造奇迹。

　　因此，停止流无用的泪吧！当然，我们得负起种种愚行及失策的后果，不管谁都是一样的，就是拿破仑也不例外，他所指挥的大战役也有失利的记录。

　　总之，就是我们动员全国的精英人士也无法使时光倒转。

　　因此，请切记第六个原则：覆水难收，悔恨无益。

【摘要】消除忧虑的法则：

●让忙碌来驱逐烦恼。精力充沛积极进取是治疗"忧郁症"的最佳药方。

●别为鸡毛蒜皮的小事忧虑，别为一些不值得的事击倒。

●运用"平均值法则"消除忧虑。试着自问："问题真正发生的可能性到底多少？"

●顺从天命，觉悟有些事并非人力所能改变，而重新再出发。

●处理忧虑要运用"刹车理论"，决定对于一个问题该费心的程度是多少，若到了极限便该实时刹车。

●埋葬过往的错误。切记："覆水难收，悔恨无益！"

第二部

获得幸福的 7 种方法

12. 人生的转折点

几年前，在一个广播节目中，我被一位主持人问道："戴尔先生，至今，你获得的最宝贵教训是什么？"

这个问题并不难，至今我获得的最大的教训就是知道"思考"的重要性。如果我能知道各位的想法，便能了解诸位的人格。思想形成了我们的人格，尤其心思与意志更可说是决定我们命运的第一要素。诚如埃默森所说："不论晨昏，思考正代表个人的存在。"

我非常自信地断言："人生最重要的问题，就是选择正确的思考方式。"

罗马帝国伟大的哲学家皇帝奥雷斯曾说："一个人的思想，决定他的一生。"

诚然，若我们心存乐观，自然能生活愉快；若自怨自艾，生活也将黯然无光。想起恐怖的事，必因恐惧而战栗；担心生病，

90

难保不因此真的生病；害怕失败，恐怕也难逃失败命运；对自己太过宽大，他人势将敬而远之。

皮尔博士曾说："并不是你认为自己是什么样的人，就是什么样的人，而是你的思想决定你是属于哪一类型的人。"

我所主张的并非消极的人生观，而是要诸位养成积极的态度。换句话说，你当然必须全神贯注于自己的问题，但是却没有必要烦恼。那么，"关心"和"烦恼"之间，又有什么差别呢？举个实例，每当我通过交通阻塞的街道时，从不烦恼，只是更加全神贯注。每当你费神注意，便能看到问题的本质而后冷静处理，至于一味烦恼，不过是徒然耗费精神，根本无助于事情的解决。

只要你能全力以赴，问题通常都能迎刃而解。

罗威尔·托马斯就是个好例子。自他公开一次大战作战的影片起，我和他成为朋友。战时他和助手在 6 个战线将战况拍下来。在他带回时的杰作中有劳伦斯和阿拉伯士兵的生活记录，当他以"阿拉伯的劳伦斯"为题在伦敦演讲时，造成轰动，伦敦歌剧季甚至为他延期 6 个礼拜，只为放映他的影片及令人捏把冷汗的冒险经验谈。伦敦的成功之后，他便巡回各地展出，亦颇受好评。然后他花费两年去拍摄印度和阿富汗的生活纪录片，但不幸这次努力却没获得伦敦市民的支持。

他在伦敦破产了。当时我和他在一起，若非他向朋友借了些钱，我们可能连廉价餐馆都吃不起。而尽管他债台高筑，但却一点也不忧愁，因为他深知如果被逆境打垮了便无颜面对一切。所以他每天在出门前必定买朵花别在胸前，然后目不转睛地朝着正前方，活力充沛地挺胸阔步在牛津街上。他积极而果敢，决不轻易向失败低头。对他来说，失败不过是游戏人生的一环，更是鼓励人向上的有效训练。

我们的心志有左右身体行动的不可思议的能力，英国著名精神分析医生哈德费尔特在《力的心理学》著作中，以实验证明了这个事实。他请来三个男人，首先要他们尽全力握住测力计，然后改变3个条件再做完全同样的实验。

清醒时测验的平均握力是45公斤。

接下来，他对他们施以催眠术，指示他们想象自己在脆弱情况下握测力计，结果平均握力只12公斤或13公斤左右，不到平常的1/3。三个人当中有一个是一流的拳击手，但在催眠中接受软弱的指示后，竟自觉："我的手腕好柔好细，就像婴孩的一般。"之后，哈德费尔特做了第3次的测验，在三位受试者接受想象自己强壮的暗示后，测得的平均握力高达64.4公斤。当他们想着自己非常强壮时，握力竟然跃升了五成之多。这就是我所相信的所谓"精神的力量"。

为了说明意志力的神奇作用，且让我们来看看美国史上令人惊叹不已的一个故事。这故事原可写成一本书的，但在此我仅简略介绍：

美国南北战争之后不久，在天寒地冻的10月，有天晚上，一个流着泪到马萨诸塞州无家可怜的女子，敲韦伯斯特家的门。

在此之前，她——玛莉·艾迪的命运乖舛，生活不外乎疾病、怨恨、嗟叹与悲伤。第一任丈夫婚后不久便去世，第二任丈夫弃她而和人家的妻子私奔，最后他在救济院咽下最后一口气。

后来，她自己也因贫困、疾病，不得已放弃了身边仅有的一个 4 岁的儿子，从此音讯杳然。

原本病弱的她，对老早以前的"精神疗法科学"感到兴趣，但是，人生的悲剧却在马萨诸塞州发生了。有个寒冷的早上，她走在街上，不小心滑倒跌在冻裂了的人行道，顿时失去知觉，脊椎骨也因强烈撞击而痉挛，医生无奈地宣告，除非奇迹发生否则双腿难再站立行走。

躺在床上的她，静静地翻开《圣经》，在神的引导下，念到马太福音中的"人们将中风者安排在床上，而耶稣对中风者说：'孩子，一定要坚强起来，你的罪已得到宽恕……起来吧！离开病榻，起来吧！'"

耶稣的话，深深地感动了她，使她内心产生了一股力量，借着这种激奋的信仰力量，她几乎是跳跃般地弹起，离开病床走回家去。

后来她说："由此经验，我发现了如何恢复自己的健康，及帮助他人维持健康的方法……所有的关键都在精神状态上。也就是我们的精神意志左右着一切，这在科学上是可得到确切印证的。"

玛莉·艾迪基于这种新的体认而对基督教的科学意义有了新的诠释，发明了"基督教信仰疗法"，成为唯一的女性宗教创始人，而将教义传遍全球。

其实，我并不是基督教信仰疗法的信徒，只是我深信思考具有神奇的惊人力量。执教成人课程 35 年来，得知只要能改变自己的想法，则不论任何人都能驱逐烦恼、恐惧，甚至疾病的克服都是轻而易举的。这种令人难以置信的奇迹，已经屡见不鲜了。

例如，我的学生的亲身经历。他原是个容易烦恼的人，患有神经衰弱症。以下是他自己的陈述：

所有的事都令我烦恼，担心自己太瘦、头发是不是快掉光了、担心没有钱结婚、害怕不能成为一个好父亲、害怕失恋、对自己的人生毫无自信、担心别人对自己不怀好意、害怕会得胃溃疡而最后连工作也无法胜任……

内心无限紧张，就像没有安全栓的热气锅炉一样，当不胜压力时，必定会发生不良后果吧。实际上真的发生了，于是，努力祈祷，若未患上神经衰弱症，请别让我患上，毕竟身体的苦痛比起精神折磨的苦楚，是微乎其微的。

但是我患了非常严重的神经衰弱症，无法和家人沟通，也无法整理自己的思绪，完完全全成为恐惧的俘虏。有一点点声音便会焦躁不安，逃开人群，甚至没来由地就大哭一场。

每天苦闷不堪，觉得自己好像被神遗弃，不禁想跳河自尽算了。一连串的冲动，常令自己无法平复。

于是，我想也许换个环境心情会好转，便决定到佛罗里达旅行。在搭上车时，父亲交给我一封信，希望抵达佛罗里达时再拆阅。当时正是佛罗里达的观光旺季，找不到旅馆住宿，只得借住在别人的车库里。我去应征了从迈阿密出港的不定期货轮船员，却不顺利。在海边彷徨时，觉得佛罗里达的不如意远甚于在家的时候，于是打开父亲的信，上面简单写着：

"吾儿，你远在离家 2400 里外，虽说换了个环境，但父亲却不认为对你的心情有多大的帮助。因为我认为问题的关键在于你的本身。你并没有什么错，打垮你的也不是所遭遇的情况，而是你对这些事情的想法及态度。个人的想法，决定了他的一生。孩子，你若能想通这句话的道理就回来吧！因为你已经痊愈了。"

父亲的信，只是教我感到生气，当时我所渴求的是同情而不是说教。叛逆的我，决定不再回家去。那晚，我独自漫步迈阿密的小路上，经过某间正在做礼拜的教堂，而我也没什么其他地方好去，便走进了教堂，听到了牧师正在讲道："战胜自己的人，要比攻占城市的人还了不起！"坐在神圣的教堂里，听到了和父亲信上所说的相同的道理，心中累积的杂念顿时一扫而空。这是有生以来第一次能冷静思考，发现到自己的愚昧无知，审视自己本身的真面目。现在，好想改变所有世人的想法——势必调整好自己的心灵焦距。

翌日清晨，决定整理行李回家。一个礼拜后，重回以前的工作岗位，4 个月后娶到了担心会遭她抛弃的姑娘。现在我们已有 5 个孩子，生活幸福。上帝不仅在物质方面让我们不虞匮乏，在精神方面更时时支持我们。以前患精神衰弱症时，不过是个管理 18 个人的部门小主管，而今，却管理了员工 450 人的波尔纸厂。生活更充实，朋友也增多，至今我才真正体验到人生的价值。偶尔为不安所困扰时，便会提醒自己这不过是生活上的小插曲。

老实说，我很感谢那次的精神崩溃，因此经验，我才体验到思考方式对精神和身体的影响。我如今的思考方式是有助于生活的提升。烦恼不来自外在因素，全是由于我们本身对事情的态度。父亲说的是，当我想通之后，便很快痊愈，且从此健康快乐地生活下去。

我深切地觉得平常的喜悦、快乐并非来自物质、名利，而是受心情左右，和外在因素根本无关。例如，乔布朗偷袭美国的兵工厂并煽动黑奴的叛乱，因而被判斩首。在送往行刑台之际，他神情自若，反倒身旁的看守人员紧张不已。乔布朗冷静且若无其事地远眺维吉尼亚茂绿的山脊，同时发出赞叹："多美的地方呀！我从未欣赏过这么美好的风景。"

第一个探访南极的英国人罗勃特·史科特和伙伴遇到同样的情形。他们的旅途可说是相当残酷。食粮和燃料用尽，几乎到了寸步难行的地步，暴风雪更肆虐了 11 天，凶猛的风几乎刮起冰块，斯科特和他的同伴都觉得难逃一死了。为应付这类的紧急事变，他们预备了充分的鸦片，希望在吃了后可以平静地结束生命。然而他们却不使用这个方法，而是在不断的歌唱中勇敢地走向死亡的路途。他们是挨饿受冻而死的，而非自杀而死。他们的勇敢与乐观，若非日后搜救人员在他们的尸体发现了遗书，恐怕至今我们还不知道呢！

诚然，如果我们能够勇敢而冷静地面对死神，便能在走向断头台时还一边读叹风光的美丽；也能在饥寒交迫时还朗声歌唱。

失明的弥尔顿在三百多年前也发现了同样的真理。

每个人都是自己心灵的主宰，
在那片辖地中——
你可使地狱中有天国。
也可在天国中筑一座地狱。

拿破仑和海伦·凯勒也都验证了弥尔顿的话。拿破仑独享了世人所渴求的——光荣、权力和财富。然而在圣赫勒拿岛时他却说："终此一生，我幸福快乐的日子加起来还不到 6 天啊！"而另一方面，既盲又聋哑的海伦·凯勒却欣慰地说："人生真的好美啊！"

度过了半世纪的生涯，我深深觉得，想过幸福、安详、快乐的日子，完全在于自身。埃默森在小品《独立独步》中有巧妙的表现："政治的胜利、地价的上涨、疾病的痊愈等等，都不能带给你真正的平安，唯有发自内心的祥和，才能使你得到真正而恒久的平安、幸福。"

斯多葛学派的哲学家耶皮告诫我们："去除心中的错误思

想，要比费心治愈肉体的肿瘤、脓疮来得重要。"现代医学也印证了九百多年前的这段话。

据罗宾森博士所言，霍普金斯医院的住院患者，有 4/5 都是由于精神紧张的压迫所造成的。博士强调这一类患者还为数不少呢："然而，我们仔细探索这些症状的原因，不外由于无法处理日常生活中的事情。"

法国大哲学家蒙田，将以下这句话视为人生的座右铭："外在的事物不会伤害到我们，只有自己，自己的心理障碍，才是我们最迫切需要克服的敌人。"

这句话是什么意思呢？我所说的，对满腔难题，苦于生老病死又神经过敏的诸位来说，听起来未免像梦呓，但我所说的，不外是要诸位虽处逆境之中，仍要保持平静之心。不仅这样，我还打算传授诸位实践的方法。为此目的，你必须付出一点努力，但请放心，它的秘诀相当简单。

心理学家威廉·詹姆斯曾说："一般认为行动是受感情支配的，而实际上是两者并行的。行为可以直接影响意志，然后再间接调整感情。"他的意思是，并非心里下定决心要如何就能使情绪也随之变化，而是要改变行为，让行为来影响情绪。

詹姆斯进一步说明："所以，当我们不愉快、失意的时候，不依赖他人恢复心情的秘诀就是：不管什么时候都装作很快乐的样子，到处去活动、聊天，很快就会从中找回来快乐。"

这样简单的秘诀，真的有效吗？你不妨亲自试试。脸上挂着笑容、昂首阔步、深吸一口气，一边唱着歌或吹口哨，不会吹口哨就用哼也无妨，这样一来，你就能立刻验证詹姆斯所说的效果，简单说来，能够如沉醉于幸福般振奋精神，同时也不再心事重重、满腔忧郁。这是基本的道理，在我们的日常生活中创造奇迹。

我认识一个加利福尼亚的寡妇，如果她能了解这秘诀，24 年来的烦恼就能一扫而光了。每当被问及近况时，她总是满面愁容地悲声回答："我该如何表达悲痛的心情啊！"一副责怪眼前幸福人世的样子。

世界上比她不幸的女性多得很，而她却如此怨天尤人。她的丈夫甚且留给她一笔足够维生的保险金，孩子们也都成家立业且都和她住在一起，然而，我却从未看过她的笑容。她常抱怨三个女婿都很吝啬又任性，而却常去他们家给人添好几个月的麻烦；她又怪女儿不送她礼物，而自己却存了好多钱以备死时使用。她不知自己才是造成家庭不幸的祸根。

如果她能察觉我们所提的秘诀，她就能从一个命运悲惨又惹人厌的老太婆一变而为备受尊敬与爱戴的长者。要有这样的转变，首先她必须做的就是——快活起来，马上停止一再浪费在自己身上的关爱，而将其转移目标分享他人。

印第安纳州的安格拉正是因为发现了这个道理，才得以活到今天。

10 年前他患了猩红热，稍稍好转之后，不幸又得了肾脏病。所有的名医、秘方都试过了，却都不见起色。不久又引起并发症，医生告诉他血压高达 240，而且病情有恶化的倾向，医生不得不劝他早点料理后事。后来，他回忆说：

当我回到家里后，确定保险金都付完了，在神前忏悔自己所有的过错后，陷入痛苦不堪的沉思中，深悔给家庭带来不幸，而自己又是这般意志消沉。但经一个礼拜的自怨自艾之后，我突然惊觉："你的做法多笨啊！也许还有一年可活呢，何不快乐地度过有生之年，为什么要这般颓丧呢？"

于是，我挺起胸膛，耸耸肩，满脸堆笑，好像万事都很顺利。刚开始时，还觉得不自然，所以要极力装出快乐的样子来振奋精神，恢复朝气与活力。很幸运地，家人和我本身都因此得救了。

最初，我的心情比假装的样子快乐，然后情况一天天更好，原本走向墓场的我，如今却过着幸福、健康的日子。我想如果当初我就此颓丧，一定会如医生所诊断的，不多久就要向死神报到；但是，我给了自己恢复意志的机会，在改变心情，面对问题后，却获得了重生。

那么，既然快活的心情以及积极的态度能拯救一个人的性命，你为什么还要郁郁寡欢、怀忧丧志呢？既然乐观行事能带来幸福，你为何还要陷自己和周围的人于不幸呢？

许久以前，我阅读了一段令我感动不已的话：人类如果改变了对事物或他人的态度，就会发现事物和他人的态度，也改变了……试着改变自己原本的心思，如此你会惊讶地发现，外在的生活条件有了急剧的变化。我们所希望的神自会在心中，而它就是我们自己的内心，人类所有的成就，都是自身思考所直接带来的结果，人类若提升自己的思考，生活层次自然提升，失意挫败自然被克服；否则，人类就只有永远懦弱卑怯！

创世纪上说，造物主给了人类支配全世界的权利，这是莫大的礼物，但我却对那种特权毫无兴趣，唯一渴望的是主宰自己、超越自己——主宰自己的思考、凌驾自己的恐惧、掌握自己的心灵。只要能控制自己的行动，那么，就能连带着调整自己的心绪。

因此，希望你牢记威廉·詹姆斯所说的："经常我们所称之为'魔鬼'的，事实上是自己的心理作祟。因为心态往往能影响一个人的生活，甚至带动一个人的喜、怒、哀、乐。"

且为幸福而奋斗吧！

这里有个实践的计划，我名之为："只要有今天"，它蕴含的意义深远，而功效显著。这是 36 年前已故的席密尔所说的。照此计划实践，即可消除我们所有的烦恼，而如法国人所说的"生之喜悦"便可无限扩大。

只要有今天——你就要做个幸福的人。林肯说："有多少程度的决心，便拥有多少的幸福。"幸福源自内心，并非来自外物。

只要有今天——你就要顺应环境，抑制自己无止境的欲望。好好接受你的家人、工作、命运，让自己顺应所有的情况吧！

只要有今天——你就要好好注意自己的身体，要运动、摄取营养，让身体更健康、更灵活。如此，身体就能宛如一部性能优良的机器，可以随心所欲地运作。

只要有今天——你就要锻炼自己的精神，学习一些有益的事。不要无精打采，要多阅读一些跟思考有关的东西。

只要有今天——你就要利用两种方法来训练自己：第一，对每个人亲切，不轻忽任何人；第二，就如威廉·詹姆斯所教的，每天至少要做两件自己不想做的事，这对你的心理多少有些好处。

只要有今天——你就要做个讨人喜欢的人，以和善的面容，合适的衣着，温和的声调、礼貌的谈吐去面对周遭的人，以赞美代替批评、鼓励代替责备，让生活中的每一个细节充满和乐与温暖。

只要有今天——你就要规划你的人生，使自己活得有意义。凡事只要专心一意去做，纵然只有短短数小时，也会效果惊人，一生有益。

只要有今天——你就要制定这一日的生活计划，这样就能避免临事张惶慌乱和犹豫不决了。

只要有今天——你就要腾出半小时来，好好地去思考神的事，也许会对人生有更正确的体认。

只要有今天——你就要以无惧的心去面对生活，尽情地追求快乐、享受人生、去爱、去关怀。相信当我付出真诚的爱与关怀后，也会获得相同的回馈。

因此，如果想培养健康的人生态度，获得心灵的平安与快乐，那么，第一个原则是：想想快活的事，心情行动，自然而然随之变得愉快。

13. 报复的代价

不知是谁说的一句话："如果有个自私的人想要利用你，那么，不要企图报复，只要与他断绝往来就行了。因为一旦你有了报复之心，受到伤害的并非对方，而是你自己……"

为什么报复会产生那么大的杀伤力？《生活》杂志曾经报道过，仇恨之心会使一个人的健康完全崩溃，"高血压病人的主要人格特征就是心胸狭隘，易于憎恨。当内心的愤恨长期累积下来时，慢性的高血压与心脏病，也就随之而来。"

所以，耶稣曾说："爱你的敌人。"

这不只是一句说教之词，也是一帖特效剂。教我们如何避免高血压、心脏病与胃溃疡的侵袭。

我有个朋友，最近饱受心脏病的折腾，医生嘱她一定要卧床休息并保持情绪的平和。因为对于心脏衰弱的人而言，任何一点小小的刺激都可能导致生命的危险。几年前就曾发生过这样的例子：一位咖啡店的老板因为与伙计意见相左，彼此相持不下，积压过久的心头怒火一旦爆发，竟导致了心脏病而死亡。

当耶稣说："爱你的敌人"时，同时也是在指导我们如何美化自己的容颜。我知道，憎恨与嫉妒最擅于破坏一个女人的容颜，没有任何一种美容秘方比拥有一颗宽容、慈善与关爱的心来得更有效、更切实。

憎恨是以剥夺生之乐趣。《圣经》上说："一顿粗糙的食物，只要心中有爱，就远胜那些包含恶意的山珍海味。"

我们集中所有的精力去怨恨敌人，结果只落得神经质、容貌衰丑、心脏衰竭等下场，甚至连生命都有危险。如果敌人知道，大概要拍手叫好呢。如果我们无法爱敌人，至少多爱一些自己啊。

多爱自己一些，带给自己更多的幸福、健康以及美丽，不就等于不再受敌人的牵制吗？莎士比亚也曾说："憎恨敌人的熊熊怒火，可别把自己给烧焦了。"

长期任职律师的乔治·罗拿在第二次大世界战时逃到瑞典，当时他身无分文，非找份工作不可。因为语言能力不错，便想找个贸易公司的翻译工作。但是几乎所有的公司都寄来相似的回函："正当战争期间，不需要这样的工作。所以，所有应征者皆不录取……"而其中竟有一封如此的回函："关于工作，你的想法好像错了，而且错得太离谱！本公司并不需要翻译员，即便需要，也不至于雇用你，因为你的瑞典语十分差劲，信中错别字太多！"

他看了那封信之后盛怒不已，心中大骂对方才是个笨蛋，因对方的回函还不是有一大堆错字，当下他即拿起纸笔振笔疾书，打算好好报复那个瑞典家伙，要让他好看。但就在寄出前突然一个念头产生："且等等，也许事实正如那人所说，我的瑞典文程度的确不怎么样。虽然学过，但不是我的母国语，那里该注意的我都不留神，也许稍不注意就犯错啦。因此如想就职，非再加强学习提高程度不可。说不定对方是在鼓励我呢。那么，该好好感谢人家才是。对了，就写封谢函吧！

于是，他撕了信，重新再写一封：

"不被录用一事无关紧要，但承蒙您不辞麻烦回信，不胜感激之至。另外，对于自己所犯的错误，在此致歉。之所以寄信给贵公司，是久仰贵公司在企业界是数一数二的大公司，所以慕名写了求职信，只是没想到不小心竟犯了文法上的错误，真是惭愧，今后当更加努力学习，以期不再犯错而贻笑大方。承蒙指教，不胜感激之至！"

两三天后，乔治再度收到该公司的回函，是邀他再一次前去面谈的，最后乔治终于得到了那份工作。这是因为温和的回答消除了一切的障碍。

人非圣贤，要去爱我们的敌人也许是非常勉强的；但基于自身的健康与幸福，非学习宽恕敌人，甚至忘了所有的仇恨不可，这是明智之举。有句名言："无论被虐待也好，被强夺也好，只要忘掉就没事了。"

我曾问过艾森豪威尔将军的公子："令尊曾怀恨过某人吗？"他回答："不，父亲从不浪费一分一秒在自己所憎恨者的身上。"

有句古谚："不会生气的是傻瓜，而能不生气的则是聪明人。"

纽约前任市长威廉·盖纳曾奉此为座右铭。他曾被报纸舆论批评，甚至被狂暴民众攻击至身负重伤濒临死亡边缘，然而躺在床上挣扎的他还说："每天晚上，我都告诉自己，要原谅所有的事，要宽恕所有的人。"

您可能觉得他未免太过理想化了，或是宽容过度了，让我们听听德国哲学家《厌世主义的研究》作者叔本华的见解。他认为人生是一个毫无益处且备极艰辛痛苦的冒险，每移动一个脚步，忧郁便跟进一步。然而从绝望的深渊，叔本华呼叫："尽可能不要对任何人有所憎恨。"

我曾问当过总统幕僚的班纳德·巴奇是否为政敌的攻击而深感束手无策。他回答："不，从没有一个人能激怒我或贬损我，因为我不允许那样的事情发生！"没有人能侮辱他或使他感到棘手，只因为他不允许仇敌达到这个目的。他说："木棍或石头也许会让我们粉身碎骨；但是言语的锋刃却伤害不到我们，因为我们不会让他称心如意的。"

到加拿大碧玉公园，我要远眺一座西半球最美的山，那是为纪念一位名叫爱迪斯·凯布儿的护士而命名的。1915 年 10 月 12 日，她从容地接受德军的刑罚。她到底犯了什么罪而被处死呢？只因为她曾藏匿一个敌方伤员，伤愈后并帮助他逃到荷兰。当她被架上刑场时，说出了两句永垂不朽的圣言：

"我深切觉得，光有爱国心是不够的，还要不憎恨任何人！"

这些话，后来被刻下来流传至今。4 年后，她的遗体被移到英国，并在西敏寺教堂举行追悼仪式。我在伦敦住过一年，经常会站在爱迪斯·凯布儿的铜像前，反复地念她那不朽的名言："光有爱国心是不够的，还要不憎恨任何人。"

耶皮在 19 世纪前也说过人类恶有恶报："到最后，自己得为自己的错误付出相当的代价。知道这个道理的人就不会去怨任何事或恨任何人。"

美国史上大概再找不出像林肯那样备受责难及批判的人物了。林肯传记里说，他从不以自己的喜恶来判断事情，不论是自己的朋友或对手，他都以公正的态度去处理人事的分配。不以言举人，不以人废言，只是"唯才是用"，从不因对方是政敌或讨厌的人而有所偏颇。

很多人借着批判林肯而获得地位，虽然林肯备受侮辱，却还是不改其不以人废言的信念。因为人们的行为是他所处的环境、教育、习俗……的产物，所以不能苛责他人。

也许林肯的信念是正确的。如果我们和敌人继承了同样的身体、精神及情绪特质，而且如果我们也陷入和仇敌一样的境遇，相信我们也必采取和仇敌一样的行动。让我们以宽大的胸怀，一起颂咏以下的祈祷文："伟大的神啊，请让我不要随意批评别人，并祈求让他在两个礼拜里有双鹿皮软鞋好穿。"

这就是把怨恨转换成同情，并由衷感谢上帝并未惩罚仇敌；不要批评责怪你的仇敌，而要为他们设想，同情、援助，原谅及为他们祈祝。

　　我生长在一个宗教气氛浓厚的家庭，每天晚上在颂读一节经文后，常常要跪着做家庭祈祷。至今，似乎耳畔还荡漾着父亲以柔和的声音念出《圣经》上的祈祷文："爱你的敌人，善待怨恨你的人，祝福咒骂你的人，为侮辱你的人祈福！"

　　父亲躬行实践了这样的基督教义，因此获得了心灵上无比的安详与宁静，是有权有势的高官权贵用钱也买不到的。

　　因此，请铭记带给人类幸福与和平的第二法则：不要报仇，因为在伤害敌人之前必会先伤害了自己。

　　让我们学习艾森豪威尔将军的态度：决不浪费时间在仇恨上，哪怕是一秒钟。

14. 施恩不望回报

　　最近我在得克萨斯州碰到了一个企业家正对不知报恩的人而生气。和他见面不到15分钟，他便会异常气愤地告诉你，虽然都已是11个月前发生的事了。不管碰面的是谁，他若不提起这事，便无法忍受。事情是如此：他发给35位职员总共一万美元的圣诞奖金，每个人大约300元，可是没有一个人道谢，所以他非常生气："倒不如一毛不拔来得好！"

　　智者曾说："愤怒的人，全身弥漫剧毒。"这个人正是如此，因此不禁为他感到可悲。年龄也60岁左右了，依人寿保险公司人生80岁来算，也过了2/3了。如果运气好，还可活个几十年，然而，对过去发生的事情却无法释怀，只一个劲儿地愤慨悔恨，一年年地浪费所剩无几的岁月，岂不悲哀！

　　为什么他不停止愤慨及自怜的情绪，而去了解别人为什么不感谢自己！首先他该自问，是不是平时薪水给得太苛刻了或工作太艰辛？也许他们不认为那是耶诞奖金，而把它当作平时工作奖金的一部分也说不定，或者……

另一方面，也许职员们也该自我检讨一番。真正的实情我也不了解，但我了解的是西蒙·琼森博士曾说："感谢的心，是教育培养出来的成果，是无法在未受教化的人身上找到的。"

我所要说的就是这些。这个人和一般人一样犯了个严重的错误——施惠于人而期待回报。对于人性的奥妙可说真是一窍不通。

如果你救了一个人的性命，是否认为那个人理所当然会感激你，而期待着他的报恩呢？但是，名律师西蒙·李柏威兹曾从死刑的电椅边缘救回78条性命，你必定认为他们会寄圣诞卡以表感激吧？可是，你错了，没有一个人这么做。

有一天下午，耶稣治愈了10位麻风病患，而有多少人道谢呢？只有一个。当耶稣问门徒其他9位都到哪儿去时，他们早已跑得无影无踪了，一句感谢都没说地消失了。试问各位，我们是不是该因自己小小的施惠而期待他人的感谢呢？再者，如果是金钱上的施与，就更不可期望了。叔瓦布说他曾帮过一个挪用公款去投资股市的银行出纳，叔瓦布帮他垫了钱，免得他吃上官司。而出纳员曾因此心怀感激吗？确实，当时他确是立刻谢过了叔瓦布，但不久后便在背地里批评叔瓦布——这个施恩于他的人。

如果你分给亲戚100万美元，他会感激吗？安德鲁·卡耐基如果地下有知，听到亲戚批评自己的种种不是，准会气得吐血。他之所以被咒骂，只因为卡耐基捐赠了 3 亿多美元给慈善事业，却只分 100 万美元给他们！

这种例子比比皆是，所谓人性是与生俱来的，且终其一生都不会改变的，所以何不坦然面对它。我们不也该学学统治过罗马帝国的智者吗？在他遗留下来的日记上写着："今后我将碰到的是一些自私自利及忘恩负义的人，所以我不必为此惊讶或感到不安。如果世上没有这些人，还真无法想象会是个什么样的世界呢！"

这实在是至理名言。抱怨别人的忘恩负义，到底错在哪里？是人类的天性呢？还是错在我们不了解人类的本性呢？其实，施恩于人是不该求报的。如此，偶然得到小小的感谢也足以让我们欣喜若狂，而不被感谢时也就不会有任何的不平了。

本章我所要强调的第一点便是，人类天生便容易忘记人家的恩惠，因此，绝对不要期待他人的感谢。否则，无疑是要时时刺伤自己的心，难免要痛心不已。

我认识一个纽约的女士，她总是不满且抱怨孤独。她的亲人都不想接近她——这不是理所当然的吗？你去拜访她时，她一定告诉你，她年轻时如何竭尽全力照顾两个侄女，及如何细心照顾她们的麻疹、腮腺炎或百日咳……并让她们和她长住，供她们念书、帮她们找工作，甚至还照顾一个侄女直到结婚。

侄女会来看她吧？她们偶尔会义务性来看她。但这对她们来说是件痛苦的事，因为不管什么时候她们都被强迫听一些抱怨、不满、自怨自怜的话。她们对她的叹息早已厌倦了。后来，两个侄女再也不敢回去看她了，以致她得了心脏病。

心脏病是真的吗？当然！医生说是心跳机能亢进，是由于情绪化的缘故，所以没有办法给予有效的药物治疗。

我想那位女士所真正渴望的是一些关爱，但她却把那些误为"感恩"，因此她认为那是她理所当然应该得到的，而把别人的给予视为是自己应享的权利。

世间和她一样苦于忘恩、孤独或被忽视的女性不可胜数。她们渴望爱，然而，在世上获得爱的唯一方法——并不是自己去要求爱，而是不求回报地从自己开始去爱别人。

也许你会觉得这是不切实际的理想主义。其实，这是世间的常理，也是我们追求幸福的秘诀。这是我在家中的实际体验。双亲一向乐于助人，虽是穷得要四处借钱，却每年必定寄钱到孤儿院。他们没去探望过孤儿院，也没收到任何谢函，但他们却获得许多回报，那就是不求回报的助人所得到的快乐。

离家之后，我每年圣诞节一定送支票给父母，希望他们偶尔也奢侈一下。但他们却不这么做，圣诞节前两三日回家时，总看到父亲抱着许多孩子，一边讨论送食物、燃料给没有工作的寡妇等等，同时也沉浸在不求回报的施予所获得的快乐中。

亚里士多德所谓的理想完美者——最适于享受幸福的人，不就是像我父亲这样的人吗？亚里士多德说："一个理想、完美的人，从施予中得到快乐。"

因此，本章所要强调的第二点就是，如果希望得到幸福，就别要求回报，更不要在意别人的忘恩，因为施予的同时即获得快乐。

父母们往往对孩子们的不知好歹十分懊恼。莎士比亚的《李尔王》也是大喊："有一个不知感谢的孩子，比被毒蛇咬还痛苦。"

但为什么孩子非报恩不可？父母不都是这样抚养孩子吗？不感谢像杂草丛生一样自然；而知道感谢的孩子像蔷薇花盛开一样，在施肥浇水的照顾之后，以美丽作为回报。

如果孩子不知感谢，到底该怪谁？也许该责备自己，如果我们不曾以身作则，教他们心存感谢，那又如何去要求他们来感谢我们呢？

我认识一位先生，他才是最有资格抱怨继子忘恩负义的人。他在制造木箱的工厂挥汗辛勤工作时，每个礼拜才赚 40 美元，后来，他娶了个寡妇，他被太太逼着去向人借钱，以供她带来的两个拖油瓶孩子进大学。每天的生活费、房租、水电费、利息把他压得喘不过气来，然而 4 年来，他却毫无怨言地像个苦力般辛勤劳动。

他得到感谢了吗？不，他妻子认为他如此是理所当然的，孩子们更是如此，他们不认为亏欠继父，更遑论感谢了。

该怪谁，继子吗？是的。然而更该怪的是他们的母亲。她认为在孩子们的将来深植"债务的观念"是一种耻辱，所以不让孩子们背负着债务出发，她从来不说："你们继父多么伟大啊，辛苦赚钱供你们念大学。"而总采取这样的态度："上大学没问题，那是他该尽的义务。"

以她的立场来看，像是为孩子的将来着想，但实际上，却给了孩子一种生活是容易的危险观念。后来她有个儿子因向老板借钱未遂行凶而锒铛入狱。

不可忘记家庭教育对孩子成长的重要性。姨妈费依欧拉是那种即使孩子忘恩负义也毫无怨言的典型。小时候，姨妈把自己的母亲和丈夫的母亲接去同住并尽心照顾。至今就是闭起眼睛，两位老妇人坐在姨妈家暖炉前的景象依旧浮现我脑海。对姨妈来说，这两个老人不会是累赘吗？也许有时是的，但姨妈从未因此而抱怨。她深爱两个老妇人，所以处处包容她们、宠她们，尽可能让她们过得舒舒适适的。此外，姨妈还有 6 个子女。对她而言，照顾两个老妇人及孩子是天经地义的事，所以她总是那么怡然、满足、而从未有怨言。

费依欧拉姨妈现况如何呢？守了二十多年寡，5 个孩子都已长大成人，他们都抢着把她接到自己家里。只因他们深爱自己的母亲，只要是母亲的事便在所不辞，这是基于感谢之心吗？不！只是为了爱，纯粹是一种真情。这些孩子自小在充满温暖及爱的环境中长大。现在，他们以爱回报也是很自然的。

因此，希望各位记住，要让感谢的观念深植孩子们的心中，首先要自己先存有感谢之心。随时提醒自己说话要小心，对孩子的身教、言教尤须谨慎！

比如在孩子面前，千万不可说他人坏话。所以在接受一件礼物时，不能说："小舒这圣诞礼物一定是她自己做的，一定是一毛钱也不花！"因为孩子们容易耳濡目染。你应该说："小

舒一定花了好多时间来做这圣诞礼物，真是个有心人啊，得赶
快回个谢函才是！"如此，孩子们不知不觉中就养成了赞美与
感恩的习惯。

所以，不再为忘恩负义而愤怒、痛心的三个法则是：

一是与其为了忘恩负义而苦恼不已，不如事先就不要预
期回报，想想耶稣治愈 10 个麻疯病患，却只有一个向他道谢。
我们的施惠难道比耶稣的伟大吗？既然不会，那又何必强求感
恩呢？

二是获得幸福的唯一方法，不是期望人家感谢，而是在施
予的过程中，即能获得自身的喜悦。

三是感谢的心是后天培养出来的，所以要教孩子从小就学
会懂得感谢，教他们养成感恩的观念。

15. 其实，你很富有

哈雷多·阿波是我很久以前认识的朋友。他住在密苏里州的韦伯城，曾担任我旅行演讲的经理。有一天，我们在堪萨斯城偶然相遇，他把我送到我在密苏里州贝尔顿的农场。途中他对我提出他如何排除烦恼的问题，那是一席令人感动、终生难忘的话：

以前我是常常烦恼的人，但是1934年春天，有一天当我走在韦伯城的街道上，因为看到一个景象而使我的烦恼一扫而空。虽仅仅是10秒间的事，但是在那10秒之间，我却学到比过去10年间在自己的生活方式中所学到的还多。我在韦伯城大约有两年的时间经营食品杂货店，但积蓄很快就用完了，而且还背负了一身的债，使我花了7年之久偿还债务。已经在一周前关店的我，正走向银行，要借款到堪萨斯求职。

　　我的脚沉重得就像被打断一样举步艰难,在这当口,不期然从街道的前面,有位无脚的男子进入我的视线。他在有轮的溜冰鞋上安装一块小木板,人就坐在上面,两手握着木杖,勉力撑着在街道前进。我们的碰面,是在他横过街道之后,为了上人行道,而把身体抬起五六公分之时。他把木板倾斜一个角度时,我们二人的视线便接触了,他边微笑,边向我打招呼:"早安!今天是个大晴天呢。"

　　他的声音很有生气,我在注视着那位男子时,忽然领悟到自己是多么幸运。我有双脚、能走路,骄纵自己是可耻的。这位男子即使没有双脚仍然很幸福、快乐而自信,对有着健全双脚的我来说,更不应该办不到啊,我如此告诉自己。

　　因此,内心顿时充满了蓬勃的朝气,本想向银行借 100 美元,但是此刻我决定要借 200 美元。最初想告诉他们我想去堪萨斯找工作,但现在我能很有自信地说,堪萨斯正有个工作等着我!结果顺利地借到了钱,也找到了工作。

　　我至今还把以下的话贴在浴室里,每天早上刮胡子时,把它读一遍:

　　沮丧于没有鞋子,

　　是未在街上遇见,

　　失去双足的人之前……

　　艾迪和同伴在救生艇上过了 20 天,在没有任何援助的情况下,漂流在浩瀚的太平洋。我问他当时学到的最大教训是什么,他的回答是："从那个体验中学到的最大教训是，只要口渴时有新鲜的水及饥饿时有能吃的食物，就没有什么好抱怨的了。"

《时代》杂志曾刊载一位负伤军官的故事。他曾被炮弹的碎片割破喉咙，输了 7 次血。和医生笔谈时问道："生命没有危险吧？"医生回答"是的"，接着又一个问题："以后可以讲话吗？"同样是"是的"。于是，他再一次提笔："如果那样，我还有什么好担心的！"

各位也停下来，自问一下："我到底在担心些什么？"应该可以理解所谓的担心，不论从哪一方面来说都是徒劳无益的事。

丰富我们人生色彩的各种事物中，大约有 90% 是正确的，而 10% 是错误的。追求幸福时，最好是把注意力集中在正确的 90% 上，而不要注意那 10% 的错误。如果要追求苦恼及悲哀，又想患胃溃疡的话，最好是集中注意力于错误的 10% 而无视于充满光彩的 90%。

美国的克拉姆威尔派教会有许多都是刻着"想一想，然后感谢！"这句话。这句话也应该铭刻于我们的心中，"想一想，然后感谢！"想一想我们必须感谢的所有东西，我们应该感谢神所赐予的所有恩惠与利益。

想一想，我们每天是多么幸运地接受"快乐"医生的免费服务，只要把注意力集中在我们自己所拥有的可靠的财产——连阿里巴巴所有的宝物也抵不上我自己所拥有的脚掌，你愿意以 10 亿元来换走双眼吗，你想用什么来交换双脚呢？计算一下你的财产吧！那样你就该明白，即使是把洛克菲勒、福特、摩根三大财阀的所有金块堆积起来，你也不想卖掉自己拥有的东西。

但是，我们了解这些的真正价值吗？遗憾的是，我们并不了解。萧本赫尔曾说，"我们几乎毫不关心自己所拥有的东西，而总是想到所欠缺的东西。"确实，这种倾向更可以说是世上最大的悲剧，所带来的不幸不亚于历史上所有的战争和疾病所带来的悲哀。

因此，约翰·帕玛变成"犯了世人的通病，整天只会唠唠叨叨的抱怨"，还差点糟蹋了自己的家庭和幸福。我从他自己的口中得知其中真相。帕玛先生住在纽泽西州的帕德逊市，他说：

从军队回来后不久，我开始自己做生意。把精力花在日夜不断的工作上，一切都很顺利，但是困扰的事却发生了——无法获得零件和材料，我害怕无法继续做生意。由于烦恼，使我也犯了世人的通病，像老人一样喋喋不休地大发牢骚，变得忧郁而易怒。当时我不自觉。由于我的异常，还使我差一点就失去幸福的家庭。幸好，有一天在我那里工作的退役伙伴如此告诉我："钱宁，你不觉得羞耻吗？你一直认为世上只有你一个人很辛苦，那么，马上把店关了如何？等景气好一点之后，再重新开张比较好。像你这样还是运气好的呢，却还老是只会抱怨。像我就很想和你交换地位！看看我，手只剩下一只，脸有一半被炮弹打飞了，我有在唠唠叨叨吗？不彻底地离开怨言和不平的话，生意是不用说了，连健康、家庭、朋友也要全部丧失了！"

一听完这些话，我又恢复了生气，感到自己是多么的幸运。我当时决心要回复以前的自我，接着便身体力行，果然终于成功了。

我的朋友布莱克女士，当她站在悲剧的紧要关头发抖时，第一次学会不再烦恼自己欠缺的东西，而满足于自己所拥有的。

我遇见布莱克是在很久以前，正好我们在哥伦比亚大学新闻系学习短篇小说的写法。她在那9年前住在亚利桑纳州时，发生了意外，她的话如下：

我每天目不暇给地忙着，在亚利桑纳大学学风琴，也在村子的"说话技巧"才艺教室担任指导，并在寄宿的威罗尔牧场开音乐鉴赏班。同时也参加派对、跳舞，也曾骑马夜游。有一天早上我突然昏倒，因为心脏的关系，医生说："一年之内必须在床上绝对安静的休养。"此外没有任何能够恢复元气之类安慰的话。

要在床上躺一年，说不定会死——我简直陷入恐怖的慌乱中！为什么会发生这种事，为何要受这样的处罚？悲伤的泪水滚滚不断，我虽然很想反抗，但也只有遵照医生说的，在床上休养。住在附近的画家鲁道夫先生鼓励我："你大概会想这一年的床上生活是一种悲剧，但并非如此，因为你将有充裕的时间思考，能够更进一步地认识自己，在精神的成长方面。自现在起的数月间，你对人生的体验将比你至目前为止所获得的还要多。"我稍微恢复了镇定，自此有了新的价值观，也开始读那些作为精神粮食的书。

有一天，我听到收音机里，不知是谁说的："人类表现的是其所意识到的。"我觉得好像有很多次听到类似的话，但是，此时才初次真正触动心灵底层，并自此扎下了根。

我要自己只思考赋予我生存乐趣的东西，也就是决心只考虑欢乐、幸福及健康。我做到每天早上醒来的同时就想到所有我应该感谢的事，而没有痛苦的事——是可爱的女孩子的事，眼睛看得到、耳朵听得见的事。自收音机里流泻出美妙的音乐，读书的时间，好吃的东西，亲友的事。我变得完全的快乐。因为探望的人太多了，据说根据医生的指示探病的人在一定的时间内只容许一个人进入病房。

之后，经过了 9 年，我一直过着像今天这般充实的生活。即使现在，我仍感谢那一年里的病床生活。那更是我在亚利桑纳度过最珍贵、幸福的一年。每天早上，数着自己受惠之处，这个习惯一直延续到现在，这是我珍贵的财产之一。一直到尝到接近死亡的恐怖才知道真正的生存意义，我觉得有点惭愧！

很好啊！布莱克女士。你大概没注意到，你所学到的教训和两百年前强森博士所学到的道理是同样的。强森博士的话如下："凡是往好处看的习惯，比年所得一千镑还有价值！"

请注意，这句话并不是出于公认的乐天主义者之口，而是出于一个度过了 20 年，体验了不安、饥饿、穿着破烂，而终于成为最有名的作家之一，被认为是古今第一座谈名家所说的话。

罗根·史密斯的名言简洁如下："人生该达成的目标有二，第一是获得自己想要的东西，第二是享受那些东西。"在众人之中，能实行第二点的只有贤者。

如果说即使在厨房洗盘子，也能变成快乐的体验的话，大概是由于兴趣吧。有兴趣的话，可以看波基尔多·达尔的名著《我想看》。那必定给你无数的勇气及感谢，作者是过了 50 年如同盲人的日子的女性——"我只有一只眼睛，可是它也受了很严重的伤，只有从左边眼角的小缝隙才能看到东西，即使要看书，也必须把书拿近，并拉紧眼睛的肌肉，使眼球尽量靠近左边。"

但是她讨厌别人的同情，拒绝被"区分"。小时候，她喜欢和附近的孩子玩跳房子，但却看不见记号。于是在其他小孩子回家后，她便趴在地面上寻找那些记号，直到把自己游玩的每一个角落都记清为止。因此，即使在赛跑她也没有输过。在家念书时，因为只能把大铅字的书拿近自己的眼睛，睫毛因此常常碰到书本。后来她得到明尼苏达大学的文学士及哥伦比亚大学的文学硕士两个学位。

她在明尼苏达州的一个叫捷因巴雷的荒村过着教书生活，最近变成奥加斯达·卡雷基的新闻学和文学教授，她在 13 年间除了教书外，也在妇女俱乐部演讲关于各种书籍及其作者，并在电台谈话。"在我心里不断地潜伏着是否会变成全盲的恐惧，我以一种乐于面对的态度去面对我的人生。"她这样写着。

1943 年，在她迎接 52 岁时，奇迹竟发生了，在那有名的梅育诊疗所的手术，使她获得 40 倍于以前的视力。

以全新的喜悦的心，迎接在她面前展开的世界，连在厨房洗盘子都是一件充满快乐的事。她这样写着："我开始玩附在木桶中的白色洗洁剂，把手伸到里面，捧起小小的泡沫，可以看见在那上面闪耀着无数个小小的美丽的彩虹。"而从窗外，她观察到"在纷飞的大雪中，灰色的麻雀振翅飞去"的生动姿态。

看了洗洁剂的泡沫及振翅飞翔的麻雀而感激至此的她，在书的最后结语写道："'神啊！'我小声地说，'我们的天父，我感谢您，我感谢您！'"

赶快感恩吧！因为各位都看得见洗盘子时泡沫中的彩虹，以及雪中振翅飞翔的小麻雀。我们应该对自己感到惭愧，我们住在美丽的国度里，却是有眼睛而看不到美丽，因为已经看腻了，便再也感觉不到美丽可爱。

让自己富有的秘诀是：不要计算自己有多少缺失，而要计算自己拥有多少。

16. 了解自我、实现自我

我收到一封信，是住在北卡罗莱那州的奥雷特夫人寄来的，内容如下：

小时候，我非常神经质而且腼腆羞怯。身体胖嘟嘟的，双颊丰满，总之，看起来就是个胖小子。母亲是旧式的妇女，对服装的品味有些迂腐。她的口头禅是"大的衣服可以穿，小的衣服容易破。"因此这就成了我改变以前的服装准则。我从未参加过舞会，也没有任何快乐的回忆。上学的结果是没有办法和大家一起郊游，甚至一起运动。我内向得简直是有点病态。对于别人来说我是"特别"的、受厌恶的。

我长大后和一位比自己稍长的男人结婚，但是情形并没有多大改变。我先生的亲戚，全是稳重而自信的人。而他们更是无瑕的模范，但一直跟着标准的模范走是行不通的。不管我如何努力改变自己，想和他们一样，对于我来说都是不可能的。

他们越是想把我从自己藏身的壳中拉出来，我就躲得越深。我变得神经质、易怒、逃避朋友。更甚的是连玄关的铃声都变得恐怖起来。我注意到那些情形，而另一方面很担心我先生是否察觉了。于是，我便在他人面前扭曲自己去扮演着好像很快乐的另一个角色，心里却很明白那只是演戏而已。从那时起便一直是在充满着悲惨的想法中度日。最后终于受不了那种郁闷，觉得再活下去也是浪费生命，而想要自杀。

是什么改变了这位不幸妇女的一生呢？只不过是偶然的一席话：

偶然的一席话，改变了我的人生。那是我婆婆在谈到如何教育自己的孩子时，说了以下的话："强调不论在何种场合都要把真实的自己表现出来""要表现得像自己"……这句话正是一个开端。在那一刹那间，我终于了解，造成今日不幸的原因，是钻进一种自己无法适应的形态中。

在那一夕之间我脱胎换骨了，开始依自己的意志行动，研究自己的个性，努力发现自我，了解自己的优点，并学习根据颜色及体型挑选适合自己的服装；积极地交友，加入些同好的圈子中。但是，当我的名字被刊在社团名单中时，我仍不免吃了一惊。然而，每次在大家面前谈话，我就更增加一份自信。这是一段漫长的路，但是现在我享有的是以前想象不到的幸福感。在教育自己的孩子之际，也时常将自己从痛苦的经验中所学到的教训说给他们听。要他们不论在何种场合，都要表现出真实的自己。

若以吉鲁博士的论调，所谓表现自己这个问题是："随着历史而成为老问题，和人类生活轨道一样长。"而压抑自我更是各种神经病症、精神异常、感情压抑等的潜在病因。

安杰若·帕多里发表了许多关于儿童教育的著作，他说："最悲惨的人莫过于舍弃自己的肉体和精神，而想成为其他的人或动物。"

这种意欲成为他人的憧憬，在好莱坞蔓延得格外厉害。好莱坞的名导演萨姆·瓦特教导其有野心的年轻演员磨炼自我，而他说这比任何事都困难。因为他们全想成为第二个拉娜·透娜及克拉克·盖博，"大众已经熟知其中的趣味了，这次他们期待的是，另一种不同的品味。"

萨姆瓦特费尽唇舌不断地想说服他们认清这个事实。瓦特在担任《契普斯老师再见》《钟声为谁鸣》等影片导演前，有几年是以不动产买卖为生的，对于推销的诀窍颇有心得。他断言不论在商场或电影界，原理是相同的——模仿是行不通的。千万不要变得像只学舌的鹦鹉。萨姆瓦特说："根据我的经验，最好的做法是，尽早把虚有其表的人开除。"

保罗是石油公司的重要人事主管，我们听听他认为求职者所犯的最大错误是什么？经过他面试的求职者有六七万人之多，他并著有《获得工作的6个方法》一书。他的回答如下：

"求职者所犯的最大错误就是抹杀了自我。他们应该放轻松，以坦率的态度面对事情，然而他们却总是以迎合对方的方式作答。"但这是没用的。因为任何人都不喜欢伪造品，如同没有人想要伪钞。

心理学者威廉·詹姆斯所谓的"普通人只能发挥其潜在能力的 10%"，是就无法发挥自我的人而说的。他说："和我们原来该有的实力比起来，大约不超过一半是在自觉的状态。我们所利用到的，不论肉体上或精神上的，均只是本身资源的极小部分而已。大体上说来，人类大多生活于这种自限中，他虽拥有种种能力，却总是没有将它发挥出来的决心。"

包括我在内的每个人都有这种能力。因此，不要因为自己和他人不同而悲观——你是这个世界上一个唯一的独立个体。自开天辟地以来，以至将来，决不会出现和你完全相同的人的。若根据新的遗传科学，所谓"你"的存在是接受了父亲给予的24 个染色体和母亲所给予的 24 个染色体，两者结合而成的，此外别无其他东西。这 48 个染色体中，含有决定你所继承的资质。各个染色体中"有数十到数百个遗传基因，有时候只要一个遗传基因，就会使整个人的人生完全改变。"艾莫赖莫·雪因菲特有如上的说法。的确，我们是非常独特的"产物"。

你的双亲相遇而结婚后，所谓的你被生下来的概率只有三百万亿分之一。换言之，即使你有三百万亿之多的兄弟姊妹，也每一个都和你不一样。而这是推测的吧？不是的。这是科学上的事实。若想知道得更详细，可以读艾莫赖莫·雪因菲特所著的《遗传与你》一书。

关于实现自我这个问题，我确信自己可以谈论，因为这正是我本身深切的感受。像那样的言论知道了很多，也自痛苦的经验中学到不少。

举例来说：我自密苏里的玉米田初次来到纽约，进入美国职业剧校，志在成为演员。我首先研究当代名伶约翰·道尔、渥尔达·哈姆汀、欧迪斯·史基奈等人如何学习到本身的才艺，然后我想如果把他们每一个人的长处都模仿来的话，那不就会出现具有所有名人的才艺的"我"了吗？然而这是多么愚蠢的事，而且糊涂透顶。就这样我这密苏里的顽固脑袋，不知浪费了多少黄金年华去模仿他人，直到痛切地感觉到决不可能变成别人之后，才算找回了自己。

有了这个悲痛的经验后，当然应该是学到了难以忘怀的教训，但事实并非如此。我是多么迟钝啊！过了数年，我构思要写一本关于业务员说话技巧的书，而且决心要使他成为空前的名著。而我在执笔之际，便重蹈覆辙地犯了和演戏相同的愚行。我借用各个作家观念，将之集成一册——可以说是网罗了全部数据的一本书。那时我搜购了数十本有关说话技巧的书，并以一年的时间将书中的观念整理成稿。然而，不久后我便再次发觉到自己的愚昧，我搜集他人思想而成的书，既不自然又没趣味，也无法使业务员对它有兴趣。

于是，我把一年来的作品丢入纸屑篓里，决心重写，这次我告诉自己："不论写得好坏，充其量你也只能成为戴尔·卡耐基，你不能变成自己以外的人。"就这样，决心不想成为他人合成品的我，努力奋起，开始按部就班地着手，就自己本身的经验、观察以及在人前演说或教授说话术的自信笃定为基础，写成关于说话技巧的书。我所学到的足以当精神粮食的教训，正和王尔德所学相同（他与 1904 年成为牛津大学英文教授的人同名）。据他所述："我无法写出可以与莎士比亚匹敌的长篇巨作，但却可以写出我自己的书。"

就根据阿尔温格·巴林给已故的乔治·卡尔逊的忠告去做，把自我表现出来！当他们两人初次见面时，巴林已享有盛名，而卡尔逊则是个在贫穷艺术家聚集的地方，为周薪 35 元的生活挣扎奔波的作曲家。巴林非常赏识卡尔逊的才华，他告诉卡尔逊如果他愿成为他的秘书的话，付他 3 倍的薪水都没关系。不过巴林忠告他说："但是，你最好别接受这个工作，如果接受了，或许你最终也只成为第二流的巴林，但是如果你保持自我的话，终有一天会成为一流的卡尔逊。"

卡尔逊把这个忠告谨记在心，同时努力地使自己成为有自己特色的当代作曲家。

查理·卓别林刚出任电影制作时，导演所委任的所有电影工作同仁，一致联合反对卓别林，他们主张他应该模仿当时颇得人缘的德国喜剧演员。结果查理·卓别林却以他个人的表演方式而获得影迷的推崇。鲍伯·霍伯也有同样的经验。他在从事多年的歌舞剧表演后，结局是默默无名，此后他开始了具有自己独特风格的警句漫谈。以威尔·罗杰兹来说，他曾经只是沉默的操作钢索者，其后发现了自己天生幽默的独特风格，在操纵钢索的同时谈笑自若，结果终以喜剧闻名。

玛格丽特初次在电台演出时装成阿尔雷多系的喜剧演员，结果失败。其后她以真实的自己，也就是密苏里的乡下姑娘而成为纽约最红的电台明星之一。

当吉恩努力地不发出得州腔，作出都市人的装扮，并声称自己是在纽约出生时，大家都暗地里笑他。但是当他抱着斑鸠，开始唱起牛仔的叙事诗之后，成功之路就展开了，终于在影坛及电台成为世界第一个受欢迎的牛仔。

人生在世，应对自己负什么责任呢？应该是使它充满欢欣，对上天赋予我们的，应善加利用。终究所有的艺术是富有自我色彩的，你所吟诵的是自己的歌，你所描绘的一定是你自己的画。你应该是你个人的经验、环境、遗传所结合而成的作品。不管好坏都要在所谓人生的交响乐团中演奏你自己的小乐器。

埃默森在其随笔《独立自主》中说道："不论任何人在接受教育的过程中，一定会经历过'嫉妒是无知的，模仿是自杀行为'的时期。不论那是多么惨痛的教训，都要当成是上天给我智慧的一种历练，况且最富含营养的是在一亩容许耕作的土地上，投注自己的辛劳而初次获得的谷物。人体内的潜能本来就是新奇的，知道自己能做什么的人，除自己之外别无他人，但也只有自己尝试之后才会知道。"

把我们从烦恼中解放出来，培养平静及自由的心，就要遵守以下的铁则：不要仿效他人，要发现自我，实现自我。

17. 柠檬的效用

写这本书的时候，我曾走访芝加哥大学，和某大学校长谈到该如何消除忧虑，他回答："我记取实验家朱里雅斯·罗杰所说的'酸的柠檬在手，就把它榨成柠檬汁呀！'"（柠檬在此是不愉快的意思。）

这就是伟大教育家所采取的方法。当愚者知道柠檬是他们一生的附赠品时，便垂头丧气地说："我输了，都是命，我又能如何呢？"然后是一连串的抱怨、自怜。而贤者碰到问题，总是先自问："从这不幸中我学得了什么教训，该如何才可使情势好转，该如何才能使手中的酸柠檬转变成甜的柠檬汁？"

一生致力研究人类内在潜能的伟大心理学家阿佛烈·阿德勒发现了人类有个令人惊讶的潜力，那就是"扭转乾坤"的能力。

以下就让我来介绍西尔玛·汤普生的经验：

战争中，我的先生被分配到加利福尼亚摩哈贝沙漠附近的陆军训练所，于是，我跟着他搬到那里，但我真是恨透了那鬼地方。每当先生奉命参加演习，便只有我一个人在小屋里——酷热难耐，在仙人掌荫下的温度也还高达华氏125度，再加上没有谈话的对象，四周都是印第安土著，他们又不通英文。风猛烈地刮着，食物、呼吸的空气都充满着飞沙。

情绪低落到极点，我为自己感到悲哀，提笔写信告诉父母，我已忍无可忍，连一分钟也待不下去，好想回家。父亲的回信，只有短短的两行，然而这两行字，至今仍像一首令我缅怀不已的老歌，时时萦绕耳际，也就是这段话，改变了我的一生："两个囚犯从铁窗往外眺望，其中一个看到的是地上的泥土，另一个看到的是天上的星空。"

反复看着这段话，不觉惭愧起来，于是，我决心试着从现况找出一些有益的事——决心眺望星空。

我开始试着和当地土著成为朋友。他们的待客之道令我十分惊喜——一旦对他们的陶器或纺织品表示喜欢，他们会马上把它当作礼物送给你，而这些都是十分贵重的东西，平常就是观光客想买也不卖的。此外，将注意力投注在奇形怪状的仙人掌、龙舌兰等植物上，也研究草原小动物们的生活习性，欣赏沙漠的夕阳，在几百万年前曾是海底的沙滩上寻找昔日的贝壳等等。

到底是什么带给我如此大的变化呢？是摩哈贝沙漠变了，还是印第安人变啦？都不是，改变的是我自己，是我的心态改变了。这个改变使我得以解脱悲惨与痛苦而开始另一个崭新的生活，对于自己的新发现真是欣喜若狂，于是，兴奋之下便以此为题材写了本小说《闪耀的城堡》——我已从自筑的监狱窗口，找到了星星！

汤普生所发现的，正是公元前 500 年希腊人所说的真理："在最艰难的环境中，往往蕴含着最美的生命价值。"

哈利·霍斯迪克在 20 世纪的今天再次说："幸福不是物质的享受，而是一种胜利的喜悦。"诚然，将柠檬转换成柠檬汁的那种成就感，就是一种征服的喜悦。

我不断地在美国各地巡回旅行，所以常能碰到许多"扭转乾坤，化险为夷"的人。《背叛上帝的 12 个人》的作者威廉·巴力斯曾说："生命中最重要的事，不是利用你所拥有的，任何傻子都会这么做；而是要从失败、损失中获取教训，因为这需要智慧。当然，这也正是智者与愚者间最大的分野。"

这是巴力斯在一次车祸断腿后说的，但我认识的宾·佛尔斯顿，纵使他在失去双腿后，仍然能够乐观地面对生活而转败为胜。那是在一个旅馆里，当我正要进电梯时，看见一个失去双腿却神情愉快坐在轮椅上的人靠在电梯角落旁。电梯升到他那一楼时，我问道："我是不是该站在左边点，你出去才比较方便？"他回答："真不好意思，麻烦你了！"然后，脸上挂满笑容地离去。

我回到自己的寝室，无法忘怀那个快活的残障者，于是决定去找他聊聊——

他微笑着开始叙述："那是 1929 年的事了。当时为了找些木头来支撑庭院里的豆藤，便去砍胡桃树。将砍好的木头堆放车上。归途有一根木头滑落，我不幸被它击中，背骨受伤，双腿也麻痹了，当时才 24 岁，却从此再也无法行走了。"

仅仅 24 岁，便要终生坐在轮椅上。问他如何克服这个变故，他说："不，开始时我并不勇敢，只是无法接受这个厄运，不断地诅咒命运。但是几年的反抗、诅咒，发现那只是使自己更加痛苦罢了。最后，我体会了人们的亲切与仁慈，于是觉得自己至少也该以亲切与关怀去回报。"

经过这么多年了，我问他是否还觉得那个意外是个可怕的灾难。他立刻回答："不！我甚至感激遭遇了那个变故。"

从变故的打击和悲愤中重新出发，他找到另一个新世界——开始读精湛的文学作品并迷上文学，14 年间，至少读了 1600 册书。

那些书拓宽了他的视野，更丰富了他的生命。此外他也爱上音乐，以前觉得无聊的交响乐，如今听来也感动不已。但最大的改变要算是可以冷静彻底地思考："有生以来，我第一次用心去探索世界，使得以新的价值观去看世界，发觉自己以前所斤斤计较的实在是毫无价值。"

博览群书之后，使他对政治产生兴趣，除了研究公关问题，同时还四处演说，逐渐交游广阔，名字也渐为人知，如今依旧坐在轮椅上，但却已是乔治亚州家喻户晓的公关秘书了。

在纽约从事多年的成人教育，我发现大部分的成年人都为了没有进过大学而遗憾，他们认为那是一种缺陷，但我却不这么想，因为有成千上万的成功者是连高中都没有上过的。所以我经常告诉他们一个故事：有个贫苦的小孩没有钱为父亲办理丧事，亲朋们便筹钱为他买了个棺材，才能勉强料理后事。而母亲则每天在雨伞工厂工作 10 小时，下班后还带副业回家，直到晚上 11 点才上床休息。

贫困的环境使男孩无力负担各种费用，因此，他借着教堂的戏剧俱乐部来训练自己的口才与风度。这使他展开了政治的发展。30 岁时当选纽约州议员。而他坦白告诉我，那时他对议会的运作一无所知，他愈想研究就愈觉艰涩难懂。颓丧之余，他几乎想退出议会。若非母亲的鼓励，他根本待不下去。失望中，他决心每天花 16 个小时研究，这样的努力终于使他崭露头角，不仅在州内风头十足，声名更传遍了国内，《纽约时报》曾赞美他为"纽约最受人爱戴的市民"，这就是艾尔·史密斯。

艾尔·史密斯经过 10 年的自修苦读后，成为纽约州政府中的顾问，后来连任 4 次纽约市长，那是个空前的纪录。1928 年他被提名为民主党的总统候选人，6 所大学——包括哥伦比亚与哈佛大学都颁赠给他荣誉学位。

尼采对超人的定义是，"不仅要忍耐贫穷困乏，还要能爱它才是超人！"

愈是探讨成功者的成功之道，我愈确信一点：他们之所以成功，是由于能转阻力为助力。威廉·詹姆斯也说："许多被称为有害的东西，往往有助于烦恼者从忧虑疑惧转为积极奋斗，所以那些东西其实是一帖有效的强心剂。"

埃默森在他所著《洞察力》中说："北欧有一句谚语：'冷冽的北风，造就了北极海盗'，这亦可看成是人生的一记警钟呀！安全舒适的生活不见得就能使人永远幸福。一个自怨自怜的人，即使他正躺在柔软的床铺上，恐怕他也快乐不起来，历史告诉我们，人们若能自己负起责任，则不管环境好坏，都可以培养出坚忍不屈的刚毅性格，幸福也必定跟着来，这也就是为什么北风造就了北欧海盗的道理。"

如果我们对未来充满悲观、缺乏希望时，至少应该有两个理由再支持我们去尝试、去改进。

第一，尝试的结果也许是成功。

第二，就算不成功，也能振奋士气，不退缩而是前进。使精力投注在一个目标上，于是活力便源源不断，生机也不断。

世界著名小提琴家欧尔·鲍尔有一次在巴黎举办的音乐会上，正在演奏时，突然一根弦断了，但他却利用剩下的琴弦，从容完成演奏。

亨利·佛斯迪克就说："这就是人生，缺陷也能谱出优美的曲调。"

所以，想培养健康的人生态度，为自己带来平静与快乐的话，不要忘了：当命运交给你一粒酸柠檬时，让我们努力把它变成一杯可口的柠檬汁。

18. 两个星期治愈忧郁症

执笔本书期间，我提供了两百块的奖金，想征一篇《我如何克服忧虑》的经验谈之类的短文。

评审委员是东方航空公司的董事长、林肯大学的校长以及新闻播报员。但因其中两篇杰作十分感人，难分轩轾，所以便决定平分奖金。其中一篇是 C·巴顿的作品，在此加以介绍：

我 9 岁失去母亲，13 岁丧父。和父亲是死别，而母亲是在 19 年前离家出走的，从此，再也没有看过母亲及随母亲离去的两个妹妹。母亲离家 7 年后第一次寄信回来，父亲在她离开后 3 年去世。父亲和某个男子合伙在密苏里州的小镇经营咖啡馆。后来父亲因业务关系出差在外，而该合伙人却乘机卖掉咖啡店卷款逃走。朋友打电报通知父亲，父亲急忙赶回，就在归途中车祸丧生。两位都已上了年纪又病弱的姑妈穷得自身难保。于是，我和弟弟只好留在镇上的孤儿院。不久因孤儿院无力再继续抚养我们，接着我被送给镇外19里远农场的洛夫帝夫妇收养。洛夫帝是70岁的病人，他要我："不可说谎，不可偷窃，要遵守诺言。"这三件事我一直奉为守则，小心翼翼地遵守着。后来上学最初几个礼拜我都像婴孩一样哭着回来，其他小孩嘲笑我是没有父母的孤儿，虽然生气得想和他们好好打一场架，但洛夫帝先生把我叫到床边，亲切地对我说："记着，真正伟大的人是能容忍的，而不是好勇斗狠、意气用事。"从那天起，我再也没有和任何一个小孩打架。

洛夫帝太太替我买了一顶新帽子，我把它当成宝贝，生怕弄污了它。但有一天一个女孩抢走了它，盛满泥和水，把整顶帽子都弄糟了。

我从不在学校掉泪，而回家后却常蒙在被子里哭。一天，洛夫帝太太把我叫到房间，教我如何化解忧虑烦恼，将敌人变成朋友。她说："如果你能对他们表示友善或为他们做些什么事，他们就不会再嘲弄你、欺负你了。"

我听从她的劝告，努力用功，后来成为班上的模范生，但他们并没有嫉妒我，因为我总是热心地帮助他们。

我教他们做数学、写论文，其中一个家伙还不好意思让别人知道我帮助他。所以，他每次都告诉他妈妈是出去打猎，实际上是跑到洛夫帝太太家，要我帮他做功课。

那时附近发生了变故，有两个年纪较大的农夫去世，其中一个留下了妻儿，而我是农场中唯一的男孩，因此，义不容辞地为他们服务。每天上下学经过她们家时，我都停留一会儿，帮她们劈材、挤牛奶、喂猪……这使以后我每次回乡时，都会有许多朋友大老远跑来来看我、问候我。只因他们由衷怀念我，因为我曾那么热忱地帮助过他们。整整有 13 年，没有人再叫我"没有人要的小孩"，我是多么快活啊！

"巴顿万岁！"他懂得结交朋友的方法，更懂得如何克服烦恼做个快乐的人。

华盛顿州西雅图的路普，也是这样一个了不起的人。他因痛风症而缠绵病榻 23 年。《西雅图明星报》的史都雅特写了封信给我："拜访路普博士，每每感受到他宽宏的气度，及其超乎常人的乐观。"

药罐子的他，却能快快乐乐享受人生，难道他是在苦中作乐？或者只是自怜、自艾、要求别人关心？不！都不是的。他像英国皇太子一样，以"奉献"为一生的座右铭，他也因此而得到无比的快乐！他收集了许多病患的名字及住址，然后写信鼓励他们——同时也激励自己。于是他为病人们办了个病友俱乐部，让他们彼此交换心得，后来甚至发展成"笼中鸟会"的国际性组织。他躺在病床上，每年平均写 1400 封信，更帮助无法外出的病人借来书，使得几千位病人因此获得快乐。

路普博士和其他许多人大不相同，哪一点不同呢？对路普博士来说，将自己奉献给比自己更高贵、更有意义的信念，能使自己获得最大的喜悦。

这和萧伯纳所批评的"世间尽是些不为自己的幸福而努力，却只一味抱怨、不满、自私自利的小人"恰恰相反，心理学家阿弗列·亚多拉对忧郁症患者都下一样的处方，照着这个处方，即可在两个礼拜痊愈。

所谓"忧郁症"，就是长期累积愤怒与谴责。患者会为自己的罪恶，感到沮丧而要求别的同情、保护与支持。

病人们有以自杀作为报复自己手段的倾向，而医生的关怀往往可以缓和他们自杀的念头。所以，治疗的第一步就是告诉他们："不要做任何你不喜欢做的事情"，这听起来很寻常，但却是问题的关键。如果一个忧郁症患者能随心所欲、为所欲为，那么他还有什么好抱怨的，还有什么好报复自己的？我告诉他们："如果你想去度假或是看电影就去；如果半途又不想去就回来。"让他们像上帝可以主宰自己的世界。

可是，病人常常会说："但是，世界上好像没有什么我喜欢做的事情。"这种话听多了，我早就准备好了答话："那就不要勉强自己做不喜欢的事。"有时病人会说："我真想整天躺在床上。"我知道如果我表示同意，他就反而不想那么做；如果我表示反对，他就愈想那么做。所以，我总是点点头，默许他的看法。

那是第一步。第二步就是告诉他们："如果你要在14天之内，治好自己的忧郁症，那就要服用'时时想着如何为别人带来快乐'的药方。"有些病人会说："我又没有欠他们。"有些则会说："这简单呀，我一直都在这么做。"其实他根本没有这么做，要求他思索这句话，他也当作耳边风。我告诉他："当你睡不着觉时就思量这句话，对你的健康会有帮助的。"第二天我就试着问："你是否照着我的建议去做了？"有时他会说："昨晚我一上床就睡着了。"这是比较好的情况。

有些还会回答我："无论如何努力还是一样烦恼啊！"

"但总可以拨出一点时间去关怀别人的事吧？"我总是满怀希望地帮助他们，可是也有这么说的："为什么要我去让他人高兴，为什么不叫那些家伙来关心我？"我回答："为了你的健康呀！"实际上很少患者会真正去思考这个忠告。

我所致力的是在唤起患者对社会关怀，因为我知道真正的病因在于他们精神失调。如果他们能与其他人和谐共处，定可很快痊愈的。宗教常教人"爱你的邻人"大概就是这个道理，不懂得关心邻居的人就必须承受人生最大的苦难，在他周遭的人也会跟着受到危害，人生所有失败都是由这些人搅和出来的。世上最受推崇的，莫过于可携手为伴、可为天下人的朋友，可为婚姻与生活上最佳伴侣的人。

亚多拉博士极力倡导"日行一善"。

什么是善行？预言家哈梅德说："所谓善行，就是带着微笑去面对别人。"

为什么"日行一善"会有如此惊人的效果呢？只因尽心去关怀他人，让他人快乐，就没有时间去烦恼、恐惧及忧郁了。

在纽约经营秘书训练班的威廉夫人更是厉害，她只用一天工夫，便使她的忧郁症不药而愈，因为她一心只想着如何为两个孤儿创造快乐。她说：

5年前的12月，我满怀悲伤、陷溺于自怜的情绪中，经过几年幸福的婚姻生活之后，我失去了丈夫。圣诞节愈近愈是悲伤，这辈子尚未孤单度过圣诞节，所以面对着圣诞节不禁感到相当可怕。尽管朋友邀我共度圣诞，可是我一点心情也没有，我想不论参加什么宴会都不会真正快乐的。因此，我婉拒了他们的好意。圣诞节前夕便陷入愁惨的心境中，觉得自己好可怜，以前我应该感谢的事物真是好多好多。

圣诞节前一天下午3点钟，走出办公室便漫无目的地走到五号街——想驱散自怜自怨的忧郁。大马路上，尽是朝气蓬勃、精力充沛的幸福人群，使我想起过去常和丈夫冒险搭上不知开往何处的公交车，于是我也随便搭上车。车经哈德逊河不久，车掌小姐说："这是最后一站了，太太。"于是，我便下了车，连该城镇的名字都不知道，那是个宁静祥和的地方。逛到教堂前"平安夜"美妙的旋律不时传来，竟不自觉走了进去。教堂里只有一个琴师和一棵被装饰得光彩夺目的圣诞树，看起来像是星星在月光中舞动，像拖着长尾巴般的旋律，催着我入睡。身心俱疲的我，不知不觉地进入梦乡。

睁开双眼，竟浑然不知自己身在何处，只见眼前站着两个好像来看圣诞树的小孩。其中一个小女孩问道："你是圣诞老公公带来的吗？"我一睁开眼，把她们吓着了，我安慰她们说："不要害怕！"看她们穿得破破烂烂的，便问："爸爸妈妈呢？"

她们回答说:"我们没有爸爸,也没有妈妈!"听了之后,我不觉羞愧交集,原来这里还有两个比我更可怜的小孤儿。

于是,我带她们到百货公司买礼物,寂寞突然神奇地消失了。这两个孤儿带给我好几个月的快乐,和她们谈话之后,才发现自己原是多么幸福——真该感谢我孩提时代有快乐的圣诞节及父母无尽的爱。其实这两个孤儿给我的远胜过我给她们的。这次经验使我深深觉得,要自己获得快乐必先带给他人快乐。我发现快乐是会传染的,由施予中获得,从帮助中分享。战胜自己的忧愁后,我开始了一个崭新的生活。

这种例子太多了,让我们来看看美国海军中,最受欢迎的"花木兰"玛格丽特·耶特的故事。耶特夫人是个小说家,但发生在她身上的故事,要比她的小说来得生动多了。在日军攻击珍珠港的早上,因为心脏病,一年多前即已卧病床榻,一天 24 小时中有 22 小时都得躺在床上,走到庭院晒晒太阳享受日光浴,就是她最盛大的旅行了,甚至连这段旅程都得由女佣人搀扶。当时,她过着像是死人一般的日子。她说:

要不是日军攻击珍珠港事件的刺激,那么生命可能因生病而毫无意义。

事件发生后,社会秩序大乱,为了把军眷们载到学校避难,派遣了军用坦克快速赶到费卡姆机场、斯科费鲁德兵营、卡内欧空军基地等处。红十字会打电话来希望空房子收留避难者,他们的职员知道我床边有电话，便要求我家暂且充当消息联络站。于是，我一方面帮忙调查军眷们的避难处，另一方面士兵们根据红十字会的通知也打电话到我家来询问家人的消息。

不久我得知丈夫安然无恙，于是更加起劲地鼓励那些和我一样担心丈夫安危的妻子们，也加倍努力安慰那些丈夫不幸战亡的寡妇们。状况十分残酷，2117名战死，而960名行踪不明……

最初，我是躺在床上接听电话的，不久便坐在床上回答电话询问。愈忙碌精神愈好，以致连生病的事也都忘了，于是起身坐在桌前，一心只想帮助那些比自己不幸的人们。从此之后，除了每晚固定的8个钟头睡眠时间外，白天我不再躺在床上。如今想来，要不是珍珠港事件，今日的我，可能还是个卧病床榻的人。

珍珠港事件是美国的一大悲剧，但对我个人来说却是我生命的转机。这个恐怖的事件，给了我意想不到的力量，使得自己不再只注意自己，而能去关怀别人，并教给我生活不可或缺的积极态度，自怨自怜的情绪就此消失。

如果那些求助于心理分析医生的病患能取法玛格丽特，至少有1/3可以痊愈。卡尔·容格也说："我的病人中有1/3并不是真的患有神经症，而只是因为生活无目标、无意义所造成的情绪障碍。"

也许你要说："这些都不怎么样嘛，如果是我在圣诞节前

夕碰到孤儿，我也会帮助他们的。而如果我是珍珠港事件时的
玛格丽特，一定也会这么做。然而，我的情况和她不一样，我
只是过着普通的平凡生活——每天做 8 个钟头无聊的工作，也
没有新鲜事发生，怎么会对帮助他人发生兴趣呢，又为什么非
那么做不可？

这是一个很普遍的问题，让我回答你：虽然你的生活单调，
但每天难免碰到一些人，而你如何面对这些人呢？只是擦肩而
过就算了，还是仔细观察他们的特征。举例来说：对一位每天
为你送信的邮差，你可曾关怀过他，问问他家住何处、有几个
小孩、工作累不累、双腿酸不酸……

杂货店的小店员、大清早的送报童、街角的擦鞋童，他们
也都是人，一样怀有他们的梦想、野心、烦恼与快乐，他们也
期望别人能分享他们的情感世界。但你可曾关怀过他们，这就
是我所想表达的意思。并非要你成为社会改革家，而是要你发
自内心地去表达一份真诚的关切。

这对你有什么好处吗？当然有，这会带给你快乐、满足与
自豪。祆教始祖鲁罗艾斯特称之为"适度的利己主义"，他说："助
人不是一种义务或负担，而是一种快乐，因为他能增进你的健
康、使你的心情快乐。"富兰克林以一句最简单的话做了结语：
"当你关怀别人、帮助别人时，也就等于是在帮助自己、为自
己谋福。"

纽约心理学研究所所长亨利·林克曾说：

据我所知，现代心理学最重要的发现，就是在了解自己与追求自我幸福上，必须训练自己及牺牲自己，这是经过科学验证的发现。

关心他人，不仅可将自己从烦恼中解脱，还可结交许多朋友，更有助于得到许多快乐。耶鲁大学的威廉·菲力普教授曾说："不管是到旅馆、理发店或百货行等等，我总预先想好对将碰面的人要给予什么样的赞美。我并不将他们当作机械中的一个齿轮，而是视为一个独立的个体。有时赞美售货员的眼睛有多美，有时赞美发型很漂亮，对理发店的师傅，则赞美他的技艺好，询问他站了一天累不累，怎么样成为理发师？至今理过多少人的头发，诸如此类的问题。纯粹是在关怀对方。不管是谁，当被别人关心时，总是快乐无比的。"

我曾在英国碰到一个牧羊人，我由衷地赞美了他那只牧羊犬，并问他如何训练它。当我离去后，回头仍可看到牧羊犬前肢搭在他主人肩上，牧羊人满足地喂它。只因我对牧羊犬的赞赏，不仅使主人快乐、牧羊犬快乐，自己也十分满足。

和车站的红帽子握手、同情在酷热厨房里工作的厨师、赞美牧羊犬……这样的人会因不快乐及忧虑而求助于心理分析医生吗？绝对不会的。中国有句俗谚："给人玫瑰，手留余香。"

这是有关一位忧郁的寒门少女如何吸引许多追求者的故事。当年的这位少女如今已是个祖母了。数年前，我到某地演讲，便在这一对老夫妇家中过了一夜。第二天早上她开车送我到车站。

当我们谈及交友的话题时，她告诉我："卡耐基先生，告诉你一件连我先生都不曾听我提过的往事：少女时代最令我悲哀的莫过于家庭的贫穷，我因此老是闷闷不乐。身上的衣服永远都是便宜货，而且总是不合身，跟不上流行。这些事总令我羞愧满怀，夜晚躺在床上都不禁伤心哭泣。后来有一次晚宴，我仔细聆听舞伴的经验、想法及将来的计划。我并不是对他的话特别有兴趣，而只是为了让他不去注意我那身寒酸的穿着罢了，但奇妙的事竟因此发生了——我成为倾听的能手，能轻易地引起男孩们的谈兴，并真的对他们的谈话感到兴趣，甚至因此遗忘了自己贫穷的外表。倾听使男孩们感到快乐，也使自己成为最受欢迎的人，甚至同时有好几个青年向我求婚。"

因此，驱逐烦恼、追求幸福快乐的第七个法则是：关怀他人，每天让周遭的人，如沐春阳般充满欢笑。

【摘要】培养安详、幸福生活态度的 7 个方法：

●将我们的心灵充满和平、勇气、健康与希望。因"我们的人生取决于我们的思考与态度。"

●不要试图报复敌人，因为这么做，对自己造成的伤害远胜于给敌人的伤害，所以，请学学艾森豪威尔将军，不要浪费时间在仇恨上，即使是一秒钟。

●别介意他人的忘恩负义，更不可期望他人的回报。当你付出时，你已获得了快乐。

●别尽数着所失去的，而应该看看所获得的！

●尽量别模仿他人，羡慕他人，要做一个独一无二的真我，因为"嫉妒是无知的表现，模仿是自杀的行为。"

●当命运之神给了我们酸柠檬时，要努力把它调制成甜的柠檬汁。

●忘掉己身的不幸，试着努力为他人创造快乐。"当你全心全意关怀他人时，反而会使你得到最珍贵的幸福与满足。"

第三部

根除忧郁症的特效药

19. 信仰的力量

威廉·詹姆斯在哈佛大学担任心理学教授时，曾说："治疗烦恼的最佳良药，就是虔诚的宗教信仰。"

虽然没到哈佛大学修心理学，但我的母亲在密苏里农场找到了这个真理，不论洪水、债务、灾难都无法屈服她、使她悲观。母亲一面工作一面唱着赞美歌的景象，我记得非常清楚：

和平呀和平，温馨的和平，
神所赐予我们的和平，
在无尽的爱的大海中，
永远地满足了我们的心灵！

母亲一直希望我的一生能奉献给宗教事业，我也曾认真地考虑过成为一个神职人员，但进了大学，我研究生物、科学、宗教、哲学与比较宗教方面的知识后，逐渐怀疑家乡小镇中的一些褊狭见解，内心充满疑惑。像华尔特·霍曼一样觉得"内心许多奇怪的疑问，顿时出其不意地抬起头。"

该相信什么呢？人生的漫无目标使我停止了祷告的习惯，完全变成一个无神论者，并认为人类并不比地球上两亿年前爬行着的恐龙进化到哪儿去，不认为人类还有比恐龙还要神圣的目标，相信人类总有一天也要和恐龙一样终至灭亡。科学研究指出，太阳逐渐冷却，假如温度降低到10%，地球上的生命恐怕无法生存。此外，我还嘲笑神依其形象创造人类的观念，而坚信在黑冷的外层空间运转不辍的恒星，是超乎人类智慧所理解的力量所制造出来的。不，也许不是被创造出来的，也许像时间和空间一样是劫后余生的东西吧！

以上的疑问，我至今仍未找到答案。没有人能够理解宇宙与生命的奥秘。世上不解的事物太多了，人的身体机能、你家的电灯、墙缝挣扎出来的花、窗外的绿草地，无一不奇妙。通用汽车公司研究所的天才指导者查理·凯特林格甚至拨出3万美元的奖金来征求"为什么草是绿色"的答案。他认为如果知道草是如何将阳光、水、二氧化碳转换成养分的话，人类文明就能更迈前一步。

我们不能因为不了解自己的身体和电力及瓦斯能源的奥秘，就无法有效地利用它。即便不理解祈祷及宗教的神秘，也能因信仰而过着快乐的、丰富的、幸福的生活。我颇能了解桑达亚娜所说的："人类不是为了理解人生而来的，而是为了享受人生而来的。"

时下新的宗教观念非常进步，但我对宗教的区别极不感兴趣。我所关心的是"宗教能给我什么？"就如同给我电、美食、水一样的有兴趣。这些东西固然带给我充实、满足的人生，但是宗教可以给我更多的幸福，就像威廉·詹姆斯所说的一样："你可以得到人生的热忱，而且是更充实、更伟大、更丰富、更满足的人生热忱。"

宗教可以给我信念、希望和勇气，让我们消除心头的紧张、不安、恐惧、烦恼，也可以带给我人生的启示，也能指引我进取的方向。由于宗教的存在，我就像"在人生的沙漠中，找到一块平安的绿洲。"用自己的力量创造出一些东西来。

英国哲学家培根在 350 年前就说："肤浅的哲学，把人心导向无神论；深奥的哲学，却将人心导向宗教里去。"

以前曾有宗教和科学是对立的说法，而结果呢？精神医学——这门最新科学所宣扬的，不正是当年耶稣用以昭告世人的教义吗？为什么呢？因为祷告和坚定的宗教信仰，可以消除精神的紧张不安与恐惧。就如布力尔博士所说："虔诚信仰宗教的人，不会患精神症病。"

如果否定宗教，人生就变得毫无意义——不过是场悲哀的闹剧罢了。

亨利·福特逝世前，我曾拜访过他。在我想象中，他这个世界数一数二的大企业家，必定满面岁月的刻痕及风霜。但是令我惊讶的，78 岁的他依然沉着、硬朗及温和。我问他难道不曾烦恼吗？他回答："没有呀！什么事都有神在安排着，它也不需要我的意见，它使一切各得其所，只要敬仰它，一切可以得到最好的结果，我又何必杞人忧天！"

当今的精神医学家可说成了新的福音的传道者了。他们不是劝我们善用今生、避免来生的审判，而是劝我们享受今生，而避免这辈子的地狱之苦——胃溃疡、狭心症、神经衰弱、疯狂，所以要皈依宗教。

确实，基督教使人积极与健康——我来此是为了让羔羊得到生命，得到丰富的生活。当时基督教被责难是没有生命、没有意义徒具形式的仪式。而基督是个叛逆者，他游走各国倡导新宗教——孕育推翻的危险宗教。他最后也因此被钉在十字架上。他解释，宗教是为了人类而设立的，而非人类为安息日而被创造。耶稣认为错误的恐怖是罪恶，也就是违反健康的罪，违反基督教极力强调更丰富、更幸福、更有勇气的人生的罪。

埃默森自称是"懂得快乐"的专家，那么耶稣也该被称为"快乐科学"的教师。他要他的信徒们："快乐及满心喜悦。"

基督教主要有两个大教义：一个是全心爱主，另一个则是爱人如己。能这样实践的便是宗教家。像我的岳父亨利·普莱斯便是这样的人。他虽不进教堂，自称是无神论者，但他奉基督教的金科玉律为生活信条，决不做卑劣、自私自利、不正当的事。

那么，到底所谓基督徒又是如何呢？

让我们听听典型的见解——爱丁堡大学的神学教授约

翰·贝力说："所谓基督徒，并不是接受某一个知性的观念，或信奉某一个规律便是了，而是保有一个共同的'精神状态及过某一种同样形态的生活'。"

如果这是作为基督徒的条件，那么我岳父无疑是个了不起的基督徒了！

威廉·詹姆斯写了封信给朋友汤姆斯·戴维德森说："如果世间没有了神，日子将会很难过。"

前面提过征稿时两篇作品令评审难定高下，最后只好把奖金分成两半。以下就是得奖的另一篇作品，是一个女性难忘的经验谈。几经苦难之后，她发现如果没有了上帝好依赖，就无法活下去。为了不造成她孩子及孙子们的困扰，所以姑且称她为梅莉。几个月前，她亲自告诉我这个故事：

经济不景气的时候，丈夫每周的薪水才不过是18美元，又因为常常生病所以甚至连18元都拿不到。一连串的意外，不是头痛就是流行性感冒，最后连自己亲手盖的房子也抵押掉了。为了抚养5个孩子，我不得不帮附近人家洗衣熨衣，从海军救济总署买来廉价衣物，修改后给孩子们穿。后来不胜忧虑损害了健康。有一天，11岁的儿子哭着告诉我，他被我们所赊账的食品店老板责问是否偷了两支铅笔。这个孩子一向老实又敏感，在众人面前受辱，对自尊心是一大伤害，那是我无法忍受的，回顾过往是诸多不幸的遭遇，未来也毫无希望。我大概因忧虑而一时精神错乱，竟关掉洗衣机带着5岁女儿到寝室，锁紧了所有的窗户，隙缝也都用纸塞起来。

女儿好奇地问我："妈妈，你要做什么呀？"我回答："空隙会使风进来，所以把它塞了。"然后，我把瓦斯打开，抱着女儿躺在床上。女儿说："妈妈好奇怪，不是才刚刚起床吗？"我闭着眼睛说："没关系，再睡一会儿。"我听到渗透出来的瓦斯……这辈子，我永远也忘不了那时的瓦斯气味。

那时意外觉得好像听到音乐声，侧耳倾听，原来是厨房的收音机忘了关掉。然而，一切都不再重要了，但音乐却一再回旋耳际，那是一首赞美诗歌：

我们最亲切的朋友耶稣，

他包容了我们的罪恶与忧伤，

帮我们承担重负。

怜爱我们的朋友耶稣，

他知道我们的懦弱而怜悯我们。

在我们烦恼及意志消沉时，

何不祈祷他给我们安慰。

听了这一首赞美歌，我才注意到自己犯了多大的错误。于是，飞快地跳了起来关掉瓦斯，打开所有的窗户。

之后，我不断地流泪祷告，并非求助于他，而是感谢他所赐予的——5个健康活泼的孩子。并发誓决不再犯同样的错，而我确实也不曾违背这个诺言。

155

我在失去房子之后，便得付 5 美元的月租住在宿舍，那时我也感谢神给我遮风避雨的安身之处。我深信他会听到我真诚的感恩。情况虽然不是马上好转，但渐渐地景气复苏了，也开始有了积蓄，后来我受雇于一个乡村俱乐部。

现在孩子已成家立业，也有 3 个可爱的孙子了。每想起那次瓦斯自杀事件，总不禁由衷感谢让我及时醒悟的上帝。如果当初就那么离开人世，怎能享受到今日的快乐。现在，我想大声劝告那些想自杀的人："不要！绝对不要！"

毕竟苦难只是人生的一小部分，大部分则都是光明而美好的。

在美国平均 35 分钟有一个人自杀，每 120 秒就有人发狂。如果这些人能从宗教的信仰与祈祷中找到平安与慰藉，相信必能减少许多人间悲剧。

现代最优秀的精神分析学者容格博士在其《探索灵魂的现代人》著作中提到："过去 30 年间，我诊察了来自世界各地文明国家的病人，他们大多超过 35 岁，可说是步上人生的第二个阶段了。但依我的观察与经验来看，他们的问题是缺乏心理的平静，换句话说，是缺乏宗教的寄托，如果没有宗教的抚慰，病情恐怕永远也难以改善。"

这些话真是一针见血，因此，我愿意再重复一次。

释迦牟尼之后，印度最伟大的领袖甘地，也是借着祈祷的力量而鼓舞了自己。因为他自己曾说："如果不是祷告赐给我力量，我恐怕早就发狂了。"

好多人都能印证这个事实。就如我前面提过的，家父也因母亲坚定的信仰与乐观的祈祷，而获得活下去的力量。当今神经病院许多受苦哀号的灵魂，若知道把一切交托万能的上帝，而不要独自孤立无援的挣扎，则他们将不再饱受痛苦的煎熬。

被苦难逼得走投无路时，我们大多会绝望地依赖神，所谓："在战场的战壕中，没有无神论者。"然而，为什么要争到最后呢？为什么要拖延到星期日才与上帝接近，几年来我就经常利用周末午后到无人的教堂去反省、默祷。

当痛苦郁闷压得我透不过气时，我就告诉自己："戴尔，为什么不立刻消除你心中的积郁？"这时我便会到教堂去祈祷。也许我们再过30年便会死，然而宗教伟大的真理却永远不朽。合眼祈祷，情绪便渐渐稳定下来，思绪也慢慢条理分明，对于人生有了更明确的判断。

世人总把宗教视为妇人、儿童及传教者的专利品，他们自认为是一个能以自己的力量去和生命搏斗的"强人"。

如果你知道世上很多有名的强人也在祈祷的话，大概会很惊讶。比如杰克森·田普赛就曾亲口说："不论是就寝前、进餐前，或比赛前，我总是要祈祷，因为祷告给予我勇气和信心，会帮助我奋斗到底。"另一个强人康尼·麦克告诉我，每晚若不祈祷就无法入睡。

强人艾迪·雷肯克坚信自己的人生是因祈祷而得救的。

强人大富豪摩根星期六下午常常到华尔街角的特利尼教堂祈祷。

　　强人艾森豪威尔总统被派往英国担任指挥官时，身上只带了一本书——《圣经》。

　　强人乌克·克拉将军也曾告诉我,他在战时每天必读《圣经》及祈祷。

　　蒙哥马利、纳尔逊、华盛顿、李将军、杰斐逊等大部分的将领都有这种祷告的习惯。

　　这些世界上的强人们，都领悟了詹姆斯博士所揭示的真理："人和神的关系是密切的，如果把自己交给神，就能得到一个丰富的生命。"

　　许多人逐渐领悟到这个真理。美国的教会会员多达 7200 万人，是空前的纪录。就如前述，科学家也皈依宗教。曾获诺贝尔奖的法国生理学家卡雷尔说："祈祷是人类所产生出最强的能源。它与地心引力一样，是有一股力量存在的。作为一名医师的我，在许多人已病入膏肓，而所有的治疗方法都宣告失败时，我看到由所谓的祈祷那种严肃的努力，而挽救了疾病和忧郁的例子。祈祷就如日光般地，自己发出亮光，人类因祈祷引发出无限的精力，也因而增加了自己原本有限的能源。祈祷时，我们就和使宇宙回转的无限原动力相结合，所以我们要祈祷这一部分的能量降临在我们的身上，使人类的欠缺获得填补、使其增强、获得医治。在热诚的祈祷中，不管肉体或精神都能迅速回复，即使只是一时间的祈祷，也一定能使人获得一些好的结果。"

　　前面提过伯德华将军，被困在南极冰穴里时，是什么拯救了他的生命？有一天在绝望之余，他拿出日记想写下自己的人生哲学，他写道："人在宇宙间并不孤独。"他想到天上的星星，仍然循着轨道运转不息，星座的闪烁，太阳也永远照耀在荒凉的南极一角。于是他又在日记本上写道："所以，我决不孤独。"

即使被困于渺无人烟的冰穴中也不觉得孤独，伯德华将军得救了。"这个道理使我得以突破危机，极少数的人被迫用光体内所积蓄的资源；而大部分的人所积存的资源都是无限的，可以取之不尽、用之不竭。"将军深知取用这些资源是经由祈祷而取得的。

葛雷·阿诺鲁德在伊利诺伊州的玉米田中领悟了同样的道理。身为某保险公司的经纪人的阿诺鲁德谈起克服忧虑的经验：

8年前我想一切都完了，锁上大门，开着车就直奔河边去。当时我是个彻底的失败者，整个世界都崩溃了，经营的电气行生意欠佳、母亲过世、妻子怀着第二个孩子、欠医生的医药费有增无减……于是由事业开始，车子、家具——所有的东西都抵押殆尽，已到求救无门的绝境，因此，我开着车子往河边去。

开了几里路，我把车子停在路旁，坐在地上像个孩子般悲伤得哭了起来。哭后心情平静许多，开始冷静思考问题，往建设性的方面想去——到底目前情况恶劣到什么程度，还会再恶化吗，全无希望了吗，真的无法扭转了吗？

那时我决心把一切交托给上帝，顺从他的旨意。我开始虔诚祈祷。结果，不可思议的事发生了——一切将所有的问题托付给万能的上帝之后，整个心情突然重享几个月来未曾有过的安详与平和。我在那儿哭了半小时后，就返身回家去了，当晚我像婴儿般安然入睡。

第二天早上张开眼睛，同时也产生了自信。已经没有什么可怕的事了，只因一切已托付了神。我以沉着冷静的态度走向街上的百货公司，以信心十足的态度去应征电气销售员，且如愿获得了工作，直到电气公司的商场因战争而解散后，我才投入保险事业。不过5年时间，不但偿清所有债务，连家里的设备、装潢也都焕然一新。此外，我还有3个健康、可爱的孩子和两万元的存款。

回顾当时，还真感谢那一场困境，因为它让我认识了上帝，并因此拥有以前从未梦想的平和与自信。

为何宗教能够带给人如此平和、沉着、不屈不挠的精神呢？

威廉·詹姆斯回答："海面上虽是惊涛骇浪，但在大洋深处却是平静无波。以高瞻远瞩的眼光来眺望现实世界，你将觉得个人不断浮沉的波澜显得多么渺小且无意义，于是不管外在的风雨如何多变，他的心海依旧平静无波澜。"

如果我们感到不安与忧虑，去求助神吧！

如康德所说："接受上帝吧，因为我们需要这种信仰。"

即使你不是教徒，祷告也能对你产生意料不到的帮助。所谓实际是什么，不论你相不相信神，它都能满足一般人，共同的三个非常基本的欲望：

首先，借着祷告可以让我们把心里的困扰以具体的言语表达出来。第4章曾说过：如果一个问题是暧昧不明的，那根本就谈不上解决。而祷告是一字一句地念出来，好像是把问题写在纸上一般，即使是求助于万能的神，也必须把问题说得清清楚楚，这样上帝才能帮助你，解决你的问题。

还有，祷告可以卸下我们心头的负担。一个人无力承担所有的重荷，然而有时问题又是难于向亲朋好友启齿的，所以只好向上帝倾诉。一些心理治疗者也告诉我们，要把忧郁向别人吐露，才有利于健康，如果我们没有人可倾诉时，何不找上帝呢？他是人类最亲密的朋友、最慈蔼的抚慰者。

然后，祷告可以把消极的被动转变成积极的行动，可以说这是迈向目标的第一步。世界有名的科学家艾力克斯·卡尔就曾说："祷告是人类所能运用的最有力的资源。"既然如此，何不善加利用呢？

为什么不马上试试看？现在就合上书本，走回卧房，跪在床前，合并双手来解除心里的负担吧。如果你已背弃了耶稣，请赶快回头再投入他的怀抱，让我们重述圣哲弗朗西斯那则优美的祷告词：

上帝，请神指引我到宁静的乐园，让我把心中的恨化为爱、把愤怒化为宽恕、把疑虑化为信心、把绝望化为希望、把黑暗化为光明、把悲哀化为喜悦；

让我去关心别人，如同别人关心我一样；

去了解别人，如同别人了解我一样；

去爱别人，如同别人爱我一样。因为，唯有在施予中，我们才能获得；唯有在宽恕中，我们才能被谅解；也唯有在彻底的觉悟与试炼中，我们才能重获内在的新生。

20. 盛名之累

　　1929年轰动全美教育界的事件爆发，使全国的学者蜂拥至芝加哥一探事件的真相。在那数年前，有位叫罗伯特·哈济斯的贫苦学生毕业于艾尔大学，但是他以做杂工、砍伐木材的搬运工人、家庭教师、晒衣绳的推销员等等来赚取生活费。之后才8年，他竟就任美国著名大学排名第4位的芝加哥大学的校长，年纪才30岁。年长的教育界人士大摇其头，喧嚣的责难纷纷指向这个"神童"——他太年轻、没经验、教育观偏颇等等，甚至报纸也是同样的论调。

　　典礼当天，一位朋友告诉罗伯特·哈济斯的父亲："我看了今天早上的社论，许多人在愤慨地攻击你的儿子。"

　　"确实，他们攻击得很厉害，但是，没有人会踢一条已死的狗吧！"老哈济斯如此回答。

　　确实如此，所以，狗如果越大，人们把它踢飞就会有越大的满足感。

英国的皇太子，也就是后来的爱德华·温莎公爵年轻时已经知道这个事实。当时，皇太子是迪蒙梭的达特迈斯·卡雷基（相当于美国阿纳波利斯的海军军官学校）的学生，年仅14岁。有一天，一位海军军官发现他在哭，就询问其原因，起初没有得到回答。再问时，他回答说被候补学生用脚踢自己。于是，校长召集所有候补学生，说明皇太子没有任何怨言，只想知道为何只有他一个人受到这种对待。

此时传来一阵不想说话的咳嗽声、踏地板的声音。最后那些候补学生说，以后当他们成为英国海军的司令官及舰长时，就可以说一些像"我以前曾经踢过国王呢"之类的豪语，以壮大自己的虚荣。

因此，要记得被踢、被责难时，往往是由于对方想以那些行为来满足一下优越感。那每每意味着你在某方面的成就，足以引来他人的眼红。世间有很多人，是以中伤教育程度比自己高或成功者以满足自己野蛮的虚荣心的。

例如，我执笔本章时，收到一位女性的来信，信中责难救世军的创始者威利阿姆·布斯。我曾在广播中赞美布斯上将，但这位女士却写着布斯上将贪污了为救济贫民而募集的800万美元。这个告发完全是无稽之谈，而这位女士也没有寻求真相，她只是从责难远比自己伟大的人的行为中获得一种满足感。我把这充满恶意的信扔进垃圾桶中，并庆幸自己不是她的丈夫。她的信上并没有关于布斯上将的任何一点真相，倒是清清楚楚地暴露了她自己的心胸狭隘。郝华艾尔曾说："低俗的人对于伟人的缺点或愚行，都感到非常高兴。"

应该没有人会认为艾尔大学的校长是低俗的人。但是，原任校长迪摩西·德华特似乎对某位提名为美国总统候选人的人大受责难而感到高兴。这位大学的校长甚至警告说："如果他当选总统的话，我们的妻子、女儿就会变成卖春制度下的牺牲者，会受到很大的侮辱，并使她们堕胎、优雅及道德尽失、人神共愤。"这是在谩骂还是演讲呢？我看倒是对杰斐逊的无理弹劾！《独立宣言》的起草者，也该说是民主主义守护的杰斐逊，难道应当受到这种伤害吗？

曾被毁谤为伪善者与骗子的美国人到底是谁呢？根据报纸的漫画，他被架上断头台，巨大的刀斧要将他的头砍下。当他被带回市区时，被群众的叫骂声所笼罩，这个人是谁？除了乔治·华盛顿之外别无他人。但那些都是以前的事了，文明的今日，人性应该比当时高尚了吧！

再以皮尔利司令官为例，他是 1909 年 4 月 6 日，率领狗群到达北极而震惊世界的探险家。为了达到这个目标，几世纪以来，勇敢的人和苦难及饥饿奋斗，甚至失去生命。皮尔利本身也因为寒冷和饥饿而差一点丧生，脚上有 8 只脚趾由于严重的冻伤而切断，重重的困难使他差点发疯。

那倒还无妨，华盛顿的官员们竟敢说皮尔利是为了沽得盛名而如此做。而且他们更责难皮尔利以学术探险为名而为淘金之实，说他"在北极逍遥自在"。他们或许真的如此相信。而如果他们真相信的话，叫他们不相信也是不可能的。他们要侮辱皮尔利及阻止其企图的决心是很顽强的。而由于总统的直接命令，皮尔利才得以继续极艰辛的北极探险。

当我们因为不当的责难而烦恼时，首要的原则是：不要忘记，恶毒的责难，往往是被伪装了的称赞；要知道，没有人会踢已死的狗。

21. 撑起伞、挡开责难之雨

我有时候和有"假眼睛"或"地狱的恶魔"之称的巴特拉少将谈话。他是一个神采奕奕、精力充沛的美国海军司令官。

年轻时，他拼命地要赢得人们的注目，希望给每一个人好印象。因此，一被批评，马上就很敏感。他为此所苦，但是，长达30年的海军生活使他变成身经百战的人：

我再三地被侮辱、被责骂为懦夫、毒蛇、鼠辈等等。我被这些权威的小人说得一塌糊涂。大概是"假眼睛"把责难结束掉了吧。但是，大部分的人对于别人的嘲笑、坏话都太过在意了。数年前纽约《太阳报》的记者在我的宣传集会上，想记下关于我及我的工作之讽刺的报道。愤怒吗？我认为那是对个人的侮辱。我在给《太阳报》社长基尔·霍契斯的电话中，要求他把事实真相放在报上，我要那位执笔的记者对这事负起全责。

　　我现在对于当时那样的行为感到不好意思。读者应该不会看那篇报道，即使看了的人也多半会认为那是一则无伤大雅的笑话，而且一定会在不到几星期之间就忘掉了。

　　现在我知道一般人，对于他人的事不会太在意，而且对于批评也能一笑置之。人类不论在早上、晚上甚至在半夜12点钟，只不断地考虑自己的事。比起他人的死亡，自己轻微的头痛不知要重要几千倍呢！

　　例如，被欺骗、被出卖、被当傻瓜、背上被刺了一刀，亲友之中有人被卖为奴隶，若因此而陷入自怨自怜当中，真是最愚蠢的了。应该想想基督，他最信赖的12个门人之一，为了相当于现在只有19美元的贿赂而背叛了他，而另一个也在他遇难时弃他而逃走，甚至还三次发誓说他不认识基督。基督在遭遇这些情况之后却是心平气和地原谅这些忘恩负义的人。

　　说的明确一点，并不是主张无视所有的批评，而是不要在意那些偏颇的责难。我曾经问艾莉娜·鲁思："你对于不适当的责难，有怎样的心理准备？"住在白宫的女性中，没有其他人比她拥有更多热情的朋友及激进的敌人。

　　据说，她少女时期几乎可以说是病态的内向，而且害怕别人加诸的坏话。害怕受他人责难的她，有一天和她的姊姊谈话："姊姊，我想要做一些事，可是又担心会被别人说闲话。"

　　她姊姊注视她的眼睛说："如果你心中认为是正确的，就不要太在意别人的话。"对艾莉娜·鲁思来说，这句忠告是她日后成为白宫女主人时的心灵支柱。她避免所有责难的方法是，"只要做自己心里相信是正确的事就可以了，因为做了也会被说闲话，不做也会被说闲话；不论怎样都无法避免批评。"这是她的忠告。

已故的马休任美国国际有限公司的经理时，我曾问他是否在意批评。他说："当然！年轻时非常在意，总想要让全公司的职员认为我是完善的人。当我知道他们不如此认为时，自己很烦恼。我想讨好那些对我最反感的人。但是，那反而导致其他人生气。有一次当我要和某位男士妥协时，其他同事就不高兴了。我终于了解到，越是要避免个人的责难而努力压抑反感的话，敌人就越来越多。所以我告诉自己：只要比他人优越，就无法避免责难，除了不在意之外别无他法。这个想法发生了惊人的效果，自那时起，我一直有防卫的心理准备，然后撑起伞，避免被责难之雨淋伤。"

泰勒做得更彻底。他不但任非难之雨淋湿，还在公共场合展露出快乐的笑容，纽约交响乐团星期日下午的电台音乐会，他在演奏的空隙聊天时，收到一封女性的来信，指责他是"骗子、叛逆、毒蛇……"根据他的著作《关于人和音乐》，泰勒认为"我想她大概不满意我说的话。"在次周的广播中，他把那封信朗读出来，让百万名听众知道。于是四五天后，那一位女性又来信了，信中说她的想法并没有稍稍改变，他仍然是个"说谎者、背叛者、毒蛇。"对于责难能这样坦然接受的人，我们不得不佩服。我们向他的冷静、自信及幽默表示敬意。

查尔斯·休尔穆在对普林斯顿大学学生的演讲中说，他至今所学到最大的教训是一个德国人教给他的。这个德国人在休尔穆钢铁工厂工作时曾和其他员工进行一场激辩，最后竟被激动的员工丢进河里去。休尔穆说："他满身泥水地出现在我的办公室时，我问他，你向那些把你丢进河里的同事说了些什么呢？他回答：只是笑笑而已！"

休尔穆先生自此之后，据说以这位老德国人的话"只是笑一笑"为座右铭。这句名言对受谤者有很好的疗伤效用。我们可以对反击的对手反驳，但是对于"只是笑一笑"的对手，你能拿他怎么办呢？

林肯没有因南北战争的劳心而倒下，一定是因为他领悟到回答那些针对自己而来的责难是愚笨的。描写他如何处理责难是宝贵的文学经典作品。麦克阿瑟将军在战争中把那些描写贴于司令部的桌上。而丘吉尔也在书房的墙壁上，挂着这种内容的匾额，以下便是这段话的内容："与其去反驳加之于我的非难，不如关上办公室，开始做其他的事。我做的是自己所知道最好的、最应尽心的事，并决心继续把它完成。而如果最后的结果是好的话，那么加诸我身上的责难便不是问题，如果最后的结果不好的话，即使有16位天使为我辩护，也没有任何用处。"

遭受指责时，想想这个铁则：尽一己之力，然后撑起伞，别被责难之雨淋伤了。

22. 每个人都会干些蠢事

对于我所犯的愚蠢行为，我都一一记录，有时是请秘书帮忙誊清，至于特别耻于告人的蠢行则自己记录。一方面存为资料，一方面也算是发泄。因此，自己 15 年前所做的蠢事，仍然历历如绘。这些诚实的记录，帮我了解自己，并知道该如何处理问题。老实说，我的橱子里摆满了这样的"愚行记录"。

以前我老爱把自己的错误归咎于他人，而随着年岁的增长，我逐渐了解，所有不幸的结局都要自己负责。许多人随着年岁的增长，也逐渐能够领悟这层道理。

拿破仑说："失败全是自己的责任，我们是自己最大的敌人，也是悲惨命运的源头。"

想向各位介绍一位懂得人生的哲学家艾斯·豪威。1944 年 7 月 31 日当他猝死在纽约大使馆前的消息传开时，引起华尔街的震撼。那是理所当然的，因为他是美国财经界的领袖，也是美国商业银行及许多大公司的老板。他并未受过多少正规教育，仅是从小店员起家，后来却成为美国钢铁公司信用部经理。

当我请教他成功之道时，他回答："多年来，我将每天的活动做成一览表，当家人在安排周末夜的活动时，总把我除外，因为那是我的自我诊断时间，我会利用它来反省一周以来的工作并给予评价。晚餐后，独自翻开所有的约会记录，然后自问：'那时，我犯了什么错误？正确的处置为何，又如何改善行为？从那个经验能学到什么教训。'因为是一个礼拜来的反省，有时难免想起一些不愉快的事，有时也很惊讶自己怎会犯了如此严重的错误。然而随着岁月的消逝，这样的缺点也愈来愈少。这是多年来不断地自我分析与自我检讨的结果。"

也许豪威先生这种做法是取法于富兰克林的。但富兰克林不须等到星期六晚上，他每晚都自我反省，他发现自己犯了13项重大的缺失。其中3项是：浪费时间、拘泥小事、爱挑别人毛病与其争辩。聪明的富兰克林注意到必须消除这些缺点，并记录每日激战的胜负。第一个礼拜努力消除第一个缺点，第二个礼拜则用来消除第二个缺点。就这样，富兰克林花了两年时间，终于战胜了自己的缺点。

因此，他之成为最受人敬爱的人绝非没有理由的。"每个人一天至少有5分钟，因不晓得做什么而浪费掉了。"

平凡的人，对于别人小小的批评便怒发冲冠，而聪明的人会借着这些批评改进自己、提升自己。

惠特曼曾说："以为你真能够从那些赞赏你、帮助你、一味袒护你的人身上学得什么，或者从那些排斥你的、和你争论的人身上真正获得一些教训？"

不用等敌人来责难，自己就应该成为严苛的自我批评家，在别人之前，先把自己的缺点修补完善。这正是达尔文所实行的。他花了 15 年的时间在自我批评上。达尔文的不朽名著《种源论》（The origin of species）完成时，他深知其论点必然引起宗教界、和平学术界的轩然大波。于是，他让自己或为批评家，把所有的数据再审核一遍，把所有的推理过程与最终结论再作一次探索，以期缜密。

如果有人骂你"笨蛋"，你会如何，生气或愤慨？

有一次，林肯的战时机要秘书爱德华·史坦顿因不满林肯干涉他办事而骂他"笨蛋"。那是为了讨好某个自私自利的政客而签署了一项迁离史坦顿二、三连军队的命令，史坦顿拒绝服从命令，并大骂林肯是"笨蛋"。结果呢？当这话传到林肯耳中时，他沉着冷静地回答："如果史坦顿骂我是笨蛋，那我就是笨蛋，因为他从不乱说话，那我就去探个究竟吧。"

几天后，林肯去看史坦顿，他告诉林肯那道命令的不合理。于是，林肯便撤回原令。林肯对于善意的动机以及真诚有理的批评，都能欣然接受。

我们也都应该乐于接受那样的批评，因为我们毕竟不是完人，行事不免出错。罗斯福总统在白宫时，也自承不敢期望行事有 3/4 以上的正确性。最伟大的思想家爱因斯坦也宣告："自己的结论有 90% 是错误的。"法国思想家《箴言集》作者罗西福克说："我们的敌人对我们的看法，较诸我们对自己的看法较为接近真实。"

这话大致没错，但一旦有人批评我们时，我们总会自然而然地采取自我防卫态度。人类好像有排斥责备、喜欢赞美的倾向，而不管那褒贬的正确性。人不是逻辑的，而是感情的动物。我们的逻辑仿若在风暴大兴、波涛汹涌的感情之海中载浮载沉的独木舟。

不管是谁，当被批评时，都会为自己辩护。其实为自己辩护的是愚者，我们应该学得更冷静、更谦虚。应当对自己说："假如敌人知道我其他的缺点，必定要骂得更惨。"

前章曾谈及如何面对人的恶意中伤，而这里所要说的是另一个方法：当你遭受不当批评而怒气冲天时要告诉自己："等等，别生气呀，你并非完人，就连爱因斯坦都自承结论有90%的错误，你我又怎能好过这个标准呢？因此，面对批评你反倒应心存感激，并努力让它发挥最大的效益才是。"

笑匠鲍伯·霍伯在观众的来信中，他舍弃赞赏而坚持只有批评的信件，因为他知道这些正可作为改进的参考。福特汽车公司为了更加清楚了解管理和营运的缺失，便从职员中选出数人召开批评座谈会。

有一个推销肥皂的人，很努力于批评自己。最初推销时，订单少得可怜，令他担心会被炒鱿鱼，他知道肥皂的质量和价格并没有问题，那么真正有问题的应是自我。因此他反省是否推销不得要领，或是诚意不够。

有时他甚至会回到原来推销的对象，对他们说："很抱歉！我回来并非再向您推销，而只是想听听您的意见。刚刚来推销时，我一定犯了什么错吧？我是诚心诚意回来求教您的，请坦白指正我好吗？"

由于这种态度，使他结交了更多的朋友，得到更多宝贵的意见。如今，他已是世界最大的佳美肥皂公司的董事长，他的名字就是爱德华·林顿。

所以，想要潇洒地面对批评的法则是：记录自己的愚行并自我反省、自我批评。我们并非完人，所以要学习爱德华·林顿的做法，不断要求公正而富建设性的有意义批评，以改进自己。

【摘要】如何潇洒地面对批评：

●恶意的中伤都是一些惹人讨厌的言词，它意味着你的表现激起了别人的嫉妒。不要怒不可遏地去为自己辩护，且让时间证明一切。记着：没有人愿意去踢一只已死的狗。

●当你尽力而为后，就不要在意别人的恶意批评，只要你行得正、坐得稳。不要让外界的批评影响了你行事的原则。

●把自己所做的傻事记录下来再深深反省。我们并非完人，所以要虚心接受公正而富有建设性的批评。

第四部

预防疲劳的 6 种方法

23. 如何维持精神饱满

为什么我会在以忧虑为探讨主题的书中，特别加上"预防疲劳"这一项呢？

因为疲劳易于导致忧虑，疲劳会由普通的感冒开始而减弱疾病的抵抗力。心理医生说，疲劳也会降低心理对恐惧、忧虑的抵御力。因此，预防疲劳也就等于预防忧虑。

我认为，"等着预防忧虑"，是较保守的说法。艾得曼·杰柯布逊所主张的则更积极。关于休养，他有《积极休养法》和《休息的必要》两本著作问世。经多年对"休息"的研究，他把它列为医疗的重要一环。他说：情绪上的紧张或压力，都不是休息的状态。换言之，在休息状态下，忧虑是荡然无存的。

因此，预防疲劳和焦虑的第一原则是：常常休息，在疲劳还未侵袭之前，就随时利用机会松弛紧张的身心。

为什么这个原则如此重要呢？因为疲劳曾以惊人的速度累

积。美国陆军好几次试验结果发现，若使军队每行一小时就卸下背囊休息 10 分钟，便能走得更远，站得更稳。哈佛大学的教授说："心脏每天不断运送血液到全身，好像一天 24 小时都在工作。因此，实在令人难以想象它竟能经年累月不断运作。事实上，每经一次收缩，它就会有一个短暂的休息，而非 24 小时都在工作。它以规律的频率一分钟跳动 72 次，累积起来，只有 9 个小时是工作的实数，其余 15 小时则是在断断续续的休息中度过的。"

二次世界大战期间，丘吉尔以近 70 岁的高龄，还能每天工作 16 小时指挥大英帝国的作战。为什么他能有这样的体力？原来他每天早上都躺在床上阅读文件、发布命令，到 11 点才下床，吃过午饭又休息一个小时，到了傍晚吃饭前再睡两个小时。根本不必消除疲劳，因为他采用的便是预防的方法。他借着不断休息来补充消耗的体力，所以能持续工作到深夜。

约翰·洛克菲勒创造了两份非凡的纪录，一个是拥有巨资，跻身世界豪富，另一个就是享年 98 岁。为什么他能有这么强健的身体？固然，良好的 DNA 遗传是主要的因素，但他每天中午有睡午觉的习惯也是长命的原因。午饭后他都会躺在办公室的沙发上小憩一番，就算是总统也不能打扰他的午休。

《为什么会疲倦》一书的作者丹尼尔·沙利说："休息不是完全的静止状态，而是一种修补、补充。"即使是 5 分钟的小憩也能帮助我们消除疲劳，重新注入新的能源。棒球明星康尼·麦克曾对我说：如果赛前不先小憩一下，在比赛未结束前将精疲力竭。

但是即使只是小憩 5 分钟，也能支撑连续的两场比赛。

· 第一夫人爱莉娜·罗斯福在白宫的 12 年间如何能应付那么多劳心的工作？她说："每次要公关露面或发表演说前，我都会坐在椅子闭上眼睛休息 20 分钟才开始活动。"

前阵子我访问世界马术大师乔因·奥屈瑞，看到他有一张简单的床。他说："每天中午我都躺在上面睡上一小时左右。这能使我变得精神百倍。"

爱迪生之所以能有惊人的精力和耐力，据说是得助于随时休息的习惯。

我访问亨利·福特，是在他 80 岁生日前夕，我颇惊讶于他的朝气蓬勃、元气十足。我请教他养生之道，他说："能坐时决不站着，能躺着时决不坐着。"

"现代教育学之父"赫雷斯·曼也用这个方法弥补他老迈时不足的体力。他担任安迪欧克大学校长期间，就经常躺在长椅上接见学生。

我也曾劝好莱坞的一位导演试试这个方法，后来他坦白地说奇迹发生了，他就是名导演杰克·查特克。数年前我们初见时，他是米高梅电影公司的经理，那时他累得精疲力竭，用遍了所有对策，但不论服用强壮剂或维他命皆告无效。我提议他试着随时休息，他在办公室摆了一张长沙发以为随时休息之用。

两年后，他活力十足地告诉我："喂，老兄，真是奇迹，连我的家庭医生都这么说。我原来是坐在椅子上与编剧讨论公事，现在是躺在沙发上。尽管每天工作延长了两个小时，但反而没有以前那么的疲倦，"

当然，并非每个人都能这么做，如果你是个打字员或会计，就不能这么随心所欲地在办公室里休息，或躺在沙发上与老板讨论财务问题。可是，如果你中午是回家吃饭，就可以利用饭后歇个二三十分钟，这样能让你恢复活力。如果你一味推脱，借口没有时间，我劝你还是趁早加入人寿保险吧。

如果中午没有时间休憩，至少晚餐前应休息一个小时。这一小时远胜过晚上的 6 小时，可以帮助你解决一天中大部分的疲劳。这种比一杯加冰块的威士忌苏打便宜的奇效，你不试试？

这种适时休息习惯对从事体力劳动的人更为重要。泰勒在巴斯汉钢铁公司担任工程师时发现：平均一个工人每天只能搬运 12.5 吨的钢铁，到了中午就已经累得不成人形。可是，一个人的体力原不该这么差的，应该还有可发挥的余地。

于是，泰勒请史密特先生担任受试者，请他每搬一定的重量后就作几分钟休息。你猜如何？当别人每天只搬 12.5 吨时，他却搬了 47 吨，因为他在尚未疲倦前就预先防备了，一小时 60 分钟里，他实际只工作了 26 分钟，其余的 34 分钟都消耗在片段的休息中。他工作时间比别人少，但成绩却比别人好，几乎是别人的 4 倍。奇怪吗？不信的话你也可以自己试试看啊！

再重复一次：学习军队时常休息的行军方法；如同心脏一样地工作——在疲劳之前预先休息。能这样，你就不怕累得不成人形了。

24. 疲劳的原因及其对策

有一件令人惊奇、深具意义的事。据说，只用脑力工作的人是不会疲劳的，这说不定会被认为是无稽之谈。数年前科学家们研究人类的头脑能持续工作多久而不疲劳。令人惊讶的是，他们发现通过脑部的血液是活动的，全然不致令人感到疲累。据说，采自从事体力劳动者身上的血液中，充满了疲劳的毒素及其生成物，但是从阿尔伯特·爱因斯坦的脑中取出的一滴血，虽然是在一天即将结束之时，也检查不到任何疲劳的毒素。

仅限于使用脑力，即使在 8 小时或 12 小时的活动后，仍然可以和最初一样精力充沛地工作。脑全然不知疲惫，那么是什么使人类疲劳的呢？

若根据精神分析医师的断言，大部分的疲劳是起因于精神性和情绪性的因素。英国有名的精神分析医师哈德尔所著《力的心理学》一书中说道："我们的疲劳大部分是起于精神性的原因，而纯粹由身体引起的例子，实际上是很少的。"

美国最优秀的精神分析医师之一的布利路博士，对这一点进一步断言说："健康的体力劳动者的疲劳，有 80％是心理或情绪方面的因素造成的。"

什么样的情绪因素使劳动者感到疲劳呢？欢乐吗？满足吗？当然决不是这些，而是无聊、怨恨、无力感、焦躁、不安、烦恼——这些情绪因素使得劳动者疲劳，进而容易感冒、生产力减低、因神经性头痛而早退。总之，我们是由于本身体内产生的精神紧张而疲劳的。

梅德勒波利坦人寿保险公司所印制的关于疲劳的小册子中，指出以下的事实："因为过度劳动所导致的疲劳，大致上能由充分的睡眠或休息中消除……烦恼、紧张、感情的困扰是疲劳的三大原因。往往被认为是身体或精神劳动引起的疲劳中，这三者其实才真的是罪魁祸首！不要忘记，紧张就是使肌肉处在劳动中，因此，首先要放松自己以储备精力。"

至此，先暂且撇开本书，请检讨一下你自己刚刚在看书时，是否正在皱眉，两眼间是否有某种紧张感，在椅子上的腰是否慢慢地下滑，肩膀有没有紧绷着，脸逐渐变僵。如果身体不像布制的旧娃娃般柔软的话，你就曾在一瞬间产生神经性的紧张和肌肉的紧张——请想想您是否如此。

精神上的劳动为何会产生这种不必要的紧张呢？乔士林说："几乎所有的人都相信，困难的工作，不全力以赴就无法完成。"因此我们集中精神时为了做出皱眉、耸肩等意味着卖力的动作而把力量加诸到肌肉上，那对我们脑部的活动是徒劳无益的。

有件令人惊讶而可怜的真实情况，那是做梦也想不到的，绝大多数人正像烂醉的水手一样，毫无节制地挥霍自己的精力。

对付这种神经性疲劳的对策是什么呢？

休息、休息、休息——记住边工作边休息的方法。

这是件简单的事吧，不，要改变一生的习惯大概不太可能，但是值得去努力，因为说不定这是你一生中的重大改革。

威廉·詹姆斯在以"休养的福音"为题的文章中有如下的叙述："美国人的过分紧张、心情浮动、呼吸困难、强烈的痛苦的表情……这些实际上是坏习惯，完全没有任何意义。"紧张是习惯，休息也是习惯，打破坏习惯即是培养好习惯。

要如何放松呢，是从心理开始或从神经开始？两者都不是，不论如何，首先都要先使肌肉放松。

那么，尝试看看吧。怎么做呢？先从眼睛开始。读完这一段后，轻轻地闭上眼睛，然后静静地对眼睛说："休息休息，不要紧张，停止皱眉头！休息、休息……"——一分钟内不断这样告诉自己。

两三秒后，眼睛的肌肉开始随着那些话而不再紧绷了吗，有种好像有人用手抹掉紧张的感觉吗？或许令人难以置信，但是你已在这一分钟内，领会到放松的所有关键及秘诀。关于下巴、脸上的肌肉、颈、肩膀、全身也同样适合，但最重要的器官是眼睛。

芝加哥大学的杰普生博士甚至说，如果能够使眼睛的肌肉完全放松，人就能忘掉所有的烦恼。为何去除眼睛神经的紧张如此重要？因为消耗全身精力的是眼睛。而视力正常的人被眼睛疲劳困扰的理由也在此，因为他们使眼睛紧张。

名小说家魏姬·鲍姆说，她小时候自一位老人家学到珍贵有用的教训。她因为跌倒而伤及膝盖和手腕，曾是古圆形剧场丑角的老人把她扶起来，拍掉泥土后说："你会受伤，是因为不知道让身体舒适的方法。总要使身体像旧的皱巴巴的袜子那么柔软才好。老伯伯让你看一下怎么做。"

老人就在她和其他孩子面前表演跌倒的样子、翻筋斗、倒立等等，然后告诉他们："想想把自己变成像皱巴巴的旧袜子，如果那样的话，随时都会很快乐的。"

你不论在何时何地都能放松，但并非刻意勉力的放松。舒适的状态是要消除所有的紧张和压力，使心情快乐、舒畅。首先是从放松眼睛和脸上的肌肉开始，反复做"休息——休息——舒畅"的练习。如果那样做的话，就会知道精力从脸部肌肉向身体内部流回去。总之，像婴儿一样从紧张中释放出来就对了。

首席女高音戈莉·卡基也实行了相同的事情。据赫莲·杰普逊说，她常在开演前见到戈莉·卡基，只见她在椅子上筋疲力尽地弯着腰，下巴无力地松弛着。

以下为你介绍在学习放松之际，四个有效的建议：

第一，任何时候都要放松。保持着身体像旧袜子般的柔软。

我把一只旧袜子放在桌上——就是为了不要忘记常常保持柔软的状态。若袜子不行的话，猫也可以。就好像抓起正在晒太阳的小猫一样，前后的脚就像湿的报纸般松松地垂下来。据说印度的瑜伽大师学会放松技术是从猫身上见习来的。至今我尚未看过疲倦的猫、得神经衰弱的猫，或失眠、烦恼、患胃溃疡的猫。当你知道了像猫一样的放松方法，一定可以避免这些不幸。

第二，尽量以轻松的姿势工作，不要忘记身体紧张会引起肩膀紧绷及神经疲劳。

第三，一天内要有四五次检讨自己："我在工作上有没有浪费的辛劳，没有用到和工作无关的肌肉吧？"以这样的话问自己。这对于培养放松的习惯是一定有用的。

第四，一天结束时再自问一次："我是哪一种疲倦呢？如果我疲劳的话，不是因为耗费精神的缘故，而是因为方法上的关系。"乔士林说："我为了评量一天工作的成果，在一天工作结束时总要对自己的疲劳与否做一番检讨。当一天结束时，如果感到严重的疲倦，且神经也刺痛时，我就知道不论在质或量上，都是工作效果不彰的一天。"

如果美国的所有企业家都学到了这个教训，那么因高血压而死亡的比率在一夜间就会锐减，而且也将使疗养院、精神病院客满为患的情形消失。

25. 忘记疲劳、保持年轻的方法

去年秋天，我的朋友到波士顿参加一个很特别的医学座谈会。与会者都事先接受过医疗诊察的。其实，正确地说，那应该算是心理临床讨论会，真正的目的在于帮助因焦虑而致病的人们。因此患者大多是情绪失调的家庭主妇。

这个构思是如何产生的呢？乔瑟夫·布拉托博士在 1930 年发现许多到波士顿诊所的患者身体上并没有什么异常，但实际上却呈现患病的痛苦。有一位妇人的手因关节炎严重到十指几乎动弹不得，另一个则患胃癌，还有些轻微点儿的就是头痛、背痛、长期性疲劳或不明所以的疼痛。她们实际地感受到那些痛苦。但做了彻底的健康检查后，却无法发现任何生理上的异常，如果是以前的医生，必然认为那是由于她们胡思乱想所造成的错觉。

但是布拉托博士知道即使对那些患者说："回家好好休息，

不要胡思乱想。"也是徒然的。果真如此简单的话，她们又何必去求医就诊呢！

于是，他排除一部分医生的反对而举办了这个座谈会，至今18年来治愈了数千病人。在患者中也有以近乎朝圣的心情，每年都与会的。我的助手和一位9年来从未缺席过的一位妇人谈话。他说她刚来时相信自己正苦于肾脏病及心脏病。由于过分焦虑和紧张，有时眼前会变黑，甚至会暂时性失明。现在的她则自信又开朗。虽是祖母了，但看起来却只有四十出头。她说，她曾绝望到想要自杀，而现在已领悟到忧虑的无益，学习到为自己创造另一番新的生活方式。

罗丝·海佛汀博士说，治疗焦虑最好的办法，就是找个可以信赖的朋友倾诉一番，这叫做宣泄。她说："每次病人来时都有满腹牢骚，他们极需要把心中的幽怨、忧郁、压力一股脑儿地发泄出来，而我们所要做的事就是分担他们的痛苦，使他们知道世上还有人愿意真心的关怀他们、了解他们。"

我就亲眼见过这种倾诉所发挥出来的奇效。有一位女士刚到治疗中心的时候，活像惊弓之鸟，内心的紧张使她坐立难安。后来，她开始说话，说出自己的困扰，然后就慢慢冷静下来。甚至当会谈结束时，已经能面带微笑走出去了。难道是问题解决了吗？当然没有那么简单。只是在畅所欲言的宣泄中，她得到人的体谅与同情，这种温馨的感觉就是语言的功用，语言所发挥的治疗价值。

心理分析的理论，在某种程度上是建立在言语的功能中。

打从弗罗伊德的时代开始，心理学家就已经知道如果病人能把郁积心中的话倾吐出来，将可以消除内在的焦虑与压力。为什么呢？想必是由于描述出心里的话，使你可以洞察自己的忧虑，而较容易判断状况吧！至少可以确定的是"吐出胸中的郁闷"，便可以体验到解放感。

因此，下次当你郁闷时，何不找个人倾吐。倒不是叫你顺手就抓个路人来哭诉，而是要你选择可以信赖的人，也许是朋友、亲戚、医生或神父，告诉他们你需要他们的劝告与指导。就算他们无法给你具体的帮助，但能坐在那儿耐心听你的发泄，至少就对你的心理重担有所分摊了。

对于家庭主妇来说，将忧郁全盘说出是治疗过程中最基本的步骤，此外还有一些方法，有一定的帮助：

一、把深受感动的作品剪贴成册。当阴郁雨天午后心情郁闷时，你将从中找到使心情开朗的词汇。已有很多患者证实了此项疗效。

二、对于他人的缺点不要斤斤计较。固然，你的先生也有缺点，但如果他十全十美，那就不是个真正的"人"，也就不会和你结婚了。不是吗？曾有个爱唠叨、吹毛求疵的女人，一天到晚只知道挑先生的毛病。有一次治疗中心的医生问她："万一你先生去世了，你将怎么办？"时，她马上醒悟了。于是她把先生的优点长长地列成一张表。当你开始后悔嫁给一个专制的暴君时，不妨也试试这个方法，将发现自己嫁的不是个粗鲁的暴君，而是一位让你深深喜爱的好男人。

三、关心周遭的人。有一个过分封闭，而深苦于没有任何朋友的女人，后来她学着逐渐放开自己，尝试和别人打成一片，现在她已成为一个快乐而迷人的小妇人了。

四、今晚就寝之前先制定明天的行事历。主妇们往往被自己无法偷懒的家务搞得晕头转向，却又觉得一事无成，似乎时间总在后面急急迫迫。为了治疗这种被追赶的焦虑，应当每晚制定次日的行事历。结果呢？很多工作都能如期完成，你将享有成就感与骄傲。

五、尽可能避免紧张与疲倦。放松，要放松！没有任何"魔鬼"比紧张与疲倦更能催你老化、损你容颜了。如果你是个家庭主妇，就必须学着放松，不拘束地躺在地板或沙发上。其实，硬木板比弹簧床更具有消除疲劳的功效，对脊椎是有益的。下面有些动作可以在家试试，先做一个礼拜看看，是不是有些变化产生：

只要一感觉到疲倦就平躺地板上，尽可能伸展四肢，而且最好还能在地板上滚上几圈。一天重复做两次。

合上眼睛，轻轻告诉自己："可爱的阳光正洒在我头上，天空是多么蔚蓝与柔和，大自然安详主宰着宇宙，而我——大自然的宠儿，与万物融为一体。"经常在心中重复这些感恩的赞美。

如果无法尽兴地躺在地板上，就坐在一张硬椅子上，也有相同的松弛效果。挺直腰杆、两手轻松地搁在大腿上，以愉快的心情让自己伸伸颈，活动活动筋骨也是一样的。

从脚趾头开始伸缩肌肉，再逐渐上移到双腿、身体、脖子……让头部像球一般回转，然后轻声地对你身上的肌肉说："放松吧！放松吧！"

以有规律的深呼吸，来抚平内心的紧张与焦虑。

看看自己脸上的皱纹与深锁的眉头，然后试着抚平它们。一天重复两次，这样以愉快的心情来对付时光的痕迹，也许不必进美容院就可以容光焕发，比以前更迷人了。

26. 预防疲劳及烦恼的 4 个习惯

第一，将工作习惯之一——除了和目前工作有关的文件，其他的全部收起来。

芝加哥西北铁路公司经理阿姆兹说："有的人把各种书籍如山地堆积在桌上，但是如果把目前不用的东西全部都收起来的话，就能更容易正确地处理事务。我称此为高明的家事技巧，而这更是提高效率的第一步。"

在华盛顿的国会图书馆的天井中，记载着诗人波普的一句话："秩序是自然的最高法则。"

秩序也应该是工作的第一法则。而实际上又如何呢？大部分商人的桌上散置的是被认为已经好几周没看到的书籍。据纽奥良的某位报纸发行人说，他的秘书在清理一个桌子的同时，出现了在两年前丢失的打字机。

散置着未寄出的回信、报告、备忘录的桌子，只要一看，就会令自己十分的混乱、紧张及烦恼，因而深感无以下手。而一旦常常出现所谓"该处理的事太多了，所以没有时间处理"的想法，不仅会带来紧张及疲劳，甚至会使你得高血压、心脏病、胃溃疡等等。

宾夕法尼亚大学医学院研究所教授在全美医学协会以"脏器疾病并发的机能性神经衰弱"为题的研究报告中，有所谓"应该调整患者的何种精神状态"这一项，其中举出了 11 个要件。其第一项如下：一定要做的观念，使你非要处理不可的事随时都浮现在眼前所造成的紧张感。

但是，整理桌子，下决心等的初步做法，真能够防止高血压和紧张感吗？

有名的精神分析医师威利阿姆·萨多拉，他的一位只花了一点工夫就防止精神衰弱的患者，告诉他一些话。那位男士是芝加哥某大公司的重要主管，但是，他到萨多拉博士的医务所时，正为高度的神经紧张而烦恼。他自己也知道自己正在崩溃的边缘，但却没有理由辞掉工作，于是只好求助于医生了。

萨多拉博士如此叙述："要和这位男士讲话的同时，电话铃响了，是医院来的电话，我随即在座位上解决了这件事，尽量当场处理事情是我工作的原则。解决完那件事后，随即又来了一通电话，因为是紧急的问题，暂时用电话解决。而第三通是我的同事打来的，是关于严重的患者，来征求我的意见。当事情办完，随即回到客人那里，正想向他道歉让他久等时，但他的脸色正逐渐转为开朗。那和刚刚的神色简直有天壤之别。"

"不，没有关系的，医生！"这位男士向萨多拉博士说，"在这10分钟之间，我感觉到已经知道自己错误的所在。回到办公室后，我会改变工作的习惯。在此之前，医生，很失礼，能否让我看看你桌子的抽屉？"

萨多拉打开桌子的抽屉。如果拿掉有关公事的东西，等于是空的。"未处理的工作放在哪里呢？"患者问道。"全部处理完了。"萨多拉博士答道。尚未寄出的回信信函呢？""一封也没有，我有随时寄出回信的心理准备，都在当场口述之后交给秘书处理。"

6周后，这位重要主管在他的办公室招待萨多拉博士，他已经改变了——连他的桌子也一样。他打开桌子的抽屉，显示出其中没有任何未办完的工作。他说："6周前，我拥有两间办公室3张桌子，其中塞满了未处理的东西，也未尝试着去整理它。和你谈话后，回到这里，便立即把所有残留下来的报告书、老旧的书籍清理掉。现在的我只用一张桌子工作。由于事务都马上处理完的关系，现在已完全不会有因累积未处理的工作而紧张、烦恼的情形。但是最大的惊奇是我完全恢复了，现在身体上也没有任何不适之处。"

曾任联合国最高法院长官的查尔斯·艾文斯·休兹说："人不会因过度疲劳而死，是因为浪费及烦恼而死。"因此，精力的浪费及为了工作的没有进展而烦恼才是致命的原因。

第二，工作习惯之二——按重要性处理事务。

城市服务公司的创立者亨利·多尔提曾说，以高薪也买不到的能力——这种极难得的能力，一是思考力，二是有条不紊的处事能力。

自一文不名到 12 年后成为帕普索田多公司老板的查尔斯·拉库曼，根据他的断言，自己的成功是发挥了亨利·多尔提所说的那两种几乎发现不到的才能。查尔斯说："不知何时开始，我在早上 5 点起床，因为清晨是较适合思虑的，可以轻松地做好一天的计划，而且决定要处理的事务之重要性也限定在清晨做。"

美国最成功的保险外务员之一的富兰克林·贝尔，他计划一天的事，决不会等到早上 5 点。他在前一晚就完成这件事了。总之，就是决定翌日该达成的保险金额，而如果没有达到目标的话，就把未达成的部分附加在隔天应达成的金额上。

从我长期的经验得知，人未必能按照事务的重要性去处理问题。但是我也知道，计划先处理最重要的事情，远比漫无次序的行事要好得多了。

如果乔治，没有坚守先处理最重要事情的原则的话，恐怕他就不能成为作家，说不定终其一生也只是个银行职员。他的日课是每天必定写作 5 页，即使在他失意的 9 年之间，也一心一意地持续每天写 5 页。只是，在那 9 年间的所得，只有 30 美元，一天不超过一分钱。

第三，工作习惯之三——面对问题时要马上解决，不要拖延。

我班上的学生，已故的赫爱尔曾说了以下的事。在他是美国钢铁的董事时，董事会总是花很多的时间进行交涉，审议多件议案，然而却大部分都未解决便留置下来，结果，各董事就不得不将许多报告书带回家里。

于是赫爱尔先生说服各董事一次只受理一个议案，且不容许延期或留待解决。无论在什么情况下，都要迅速而正确地做决定，千万不把这个议案积到下个议案。实施结果效率是极好的。预定表被处理得有条不紊，行事日程表也很整齐美观，再不必将报告书带回家，从此便免于因未解决的问题而烦恼。这不只适用于美国钢铁的董事会，对我来说也是值得效法的处事规则。

第四，工作习惯之四——学习组织化、委任化、管理化。

许多企业家不知将职务交由他人处理，而独力承担一切，然而人生几何，能亲自成就的毕竟不多。若凡事事必躬亲，必为烦琐的细事所困，烦恼、不安、紧张、焦躁便紧跟着来。我深知学习把责任托付给人的困难。也深知把权责委任给没有经验的人所引起的弊端。确实，交托责任是件困难的事。但是，董事们如果想免除烦恼、紧张、疲劳，就必须切实实行。

做大事业的大忙人，若没有实行组织化、委任化、管理化，在 50 岁或 60 岁出头时，大多会死于心脏病突发。不信的话，看看每天报纸的死亡记载吧。

27. 驱除疲劳及烦恼的原因

疲劳的主要原因之一是倦怠。为了说明这一点，我们来看看艾丽斯的情形：有一晚，艾丽斯疲倦地回到家里，她真是筋疲力尽，头痛、背也酸痛，她很想不吃晚饭就马上去睡觉。但拗不过母亲，于是她食不知味地勉强吃几口。此时电话铃响了，原来，是她的男朋友打来的，要请她去跳舞。她的眼睛因而闪闪发光，一瞬间便恢复了精神，兴高采烈地跑上二楼换衣服去赴约。那晚她一直跳到凌晨 3 点，而回家时一点都不觉得疲倦。事实上，她还整个晚上高兴得睡不着觉呢。

到底艾丽斯在 8 小时前是否真的很疲倦呢？她确实是疲倦的。她对自己的工作感到郁闷，对于人生或许还有些希望。像艾丽斯那样的人不知有多少，说不定你便是其中之一。

产生倦怠感，与其说和体力的消耗有关，毋宁说是和人类的心理状态有密切的关系，这是众所周知的事实。数年前的巴马克在其作品《心理学的记录》中曾证实倦怠是造成疲劳的原因。他让一群学生做他们没兴趣的事,学生们都说疲劳、想睡觉、头痛、眼睛疲劳且情绪急躁。其中甚至有人说胃的情况不正常。这些都是"假病"吗?不是的。对这些学生进行新陈代谢检查的结果,我们了解到人一感到倦怠时,人体的血压及氧的消耗量就会降低,而一旦对工作感到有兴趣及喜欢时就会马上促进新陈代谢。

人类一做任何有兴趣的事,就很少会疲倦。例如,我最近到路易斯湖畔度假。我在数天中,沿着克莱尔支流钓鳟鱼、分开高出身体丈余的灌木丛、被树木的根绊倒、从倒下的树木底下钻出来,但是即使持续 8 小时后也不觉得筋疲力尽。到底为什么呢?因为兴奋、心跳。我沉浸在无上的成就感中,因为我钓了 6 条大鳟鱼。但是假如我对钓鱼感到无聊时,是什么样的感觉呢?一定像在海拔两千公尺的高地上激烈的工作而疲劳不堪。

甚至像登山这么激烈的活动,与其说是虐待身体,倒不如说是无聊才使人疲劳。明尼亚波里的银行家金古曼先生说的话完全证实这个论点。1943 年 7 月,加拿大政府为"普林斯·奥夫威尔游击队"的山岳训练而要求加拿大登山协会为其邀集必要的向导。金古曼先生是被选出的向导之一。于是,这群 42 岁到 49 岁的向导率领年轻军人渡过冰河。横越冰原时,要走钢索,借着小小的立足点要登上 12 公尺的断崖,就这样,他们攀越数个有溪谷的山顶,这样长达 15 小时的登山后,原本活力充沛的年轻人们(刚经过 6 周特别训练)也筋疲力尽了。

他们的疲劳，是因为特别训练没有预先充分的锻炼肌肉而产生的吗？经过特别训练的年轻人一定会嘲笑这愚蠢的问题。他们是在"无聊"的登山之后而疲倦的。其中有不少人在极度的疲劳之后，连饭都没吃就倒头大睡。那么那些比队员年长两三倍的向导们呢？他们也很疲倦，但并未到困顿不堪的程度。向导们不但吃晚饭，还节省好几个小时的睡眠来讨论关于当日的经验。他们没有动弹不得是因为对登山兴趣浓厚。

哥伦比亚大学的爱德华·宋达克博士做过疲劳的实验，他试着让数个青年不断地维持着兴趣，并约定一周的时间不让他们睡觉。结果，博士做了以下的报告："倦怠才是工作效率减退的原因。"

如果你是从事脑力工作者，与其说是因为"工作量"而疲劳，倒不如说是你自己处理不好工作而疲劳：想想上周的某一天，你有妨碍了工作进行的事情——没有寄出回信、没有遵守约定等等各式各样的问题。那一天便不论做什么事都做不好，理不出一个头绪，于是终于筋疲力尽地回家了——抱着快要裂开的头。

隔天，所有事情都很顺利，以比前一天快三百倍的速度处理所有的事，说不定你还带着有如纯白栀子花般的清新情绪回家呢。你应该有那种经验吧，我也有呢。

应该学到的教训是什么呢？那便是：我们的疲劳不是因为工作而产生的，通常以烦恼、挫折、后悔的因素居多。

执笔本章时，我去观赏杰勒姆·卡恩的音乐喜剧《秀·波多》的演出。"克登·布罗萨姆"的安迪船长在他的剧中说:"能从事自己喜欢的工作的人是幸福的。"我们所谓幸福的理由是,做的意愿及乐趣不断地涌现出来,而烦恼和疲劳却很轻微。和唠叨的妻子走一里路,其劳累的程度抵得上和情人散步10公里的路。

因此,如何做比较好呢?介绍一个上班族的实例:在俄克拉荷马的石油公司服务的小姐,她每个月做的是难以想象的单调工作——在印好的贷款契约书上填入数字或作统计。由于那个工作太无聊了,为了工作愉快,她决心把它变成有趣味的工作。那么,怎么做呢?每天她做着和自己竞赛的游戏。她把早上自己做好的契约书数目数出来,下午则努力超过那个数字的工作量。结果她的工作成效辉煌,远远超出所有的同事。那么她获得了什么吗?赞赏,感谢,晋升或加薪?不,不,不!但她却有效地防止因为无聊而产生的疲劳,那是一种有效的精神刺激。所以努力把无聊的工作变成趣味盎然的结果,就能使精力及热诚更多地涌现出来,并且能享受到比现在更多的休闲乐趣。

我知道这是事实,因为,我是那位小姐的另一半。

接下来要说的是,对自己的工作抱着兴趣而有所收获的秘书——她对于工作总是具有战斗精神。她亲自写来这样的一封信:

我的事务所里有4位秘书,每个人负责四五个人的信件口述。有时候我们手边的工作一下子蜂拥而至,被那些事情搞得手忙脚乱。某日，一位副理有一封长信要重打，我拒绝了，然后说，这封信不必全部重打，只要修改就可以了。于是副理说，若我不愿意的话可以找其他人做。我当时很不高兴，但是在拿回来重新打字时，我忽然发觉到有很多同事正虎视眈眈地想取代我的工作。而且因为那份工作我才可以拿到薪水，一想到此，情绪就稳定下来了。

一念之间，我决心要使自己成为能干且快乐的秘书。于是我有一个大发现，当我真要享受工作乐趣时，快乐——竟也及时涌现。而一旦工作是一种乐趣之后，效率自然就会增进，因此现在也不需要在工作时间之外加班了。由于我有新的心理准备的缘故，便朝此目标前进，终于获得勤劳工作的好评。于是当经理需要一位专属秘书时，他便选中了我，理由是因为我即使加班也不会有不好的脸色。改变心态后才知道有这样的结果，对我来说实在是很珍贵的发现，而且我也乐于享受这么甜美的结果。

高尔登小姐是根据汉斯教授的哲学，而有这样的奇迹，他劝我们要追求"恰如其分"的幸福。如果能做到对你自己的工作有一份兴趣，那么便能减轻你的疲劳、紧张及烦恼。

数年前，赫华多决意要使他的人生耳目一新，他决定要使单调的工作变成有趣味的事。他的工作极端无聊，当其他的男孩在打棒球、戏弄女孩子时，他却窝在高中的餐厅洗盘子、擦柜台、分送冰淇淋。赫华多轻视自己的工作，然而又不得不继续工作，他便决心开发一种乐趣，于是决定研究冰淇淋，如制造过程如何等等。结果他变成高中化学的博学之士。接着他又对营养化学感到兴趣，便进入马萨诸塞州立大学就读，专攻食品化学。当纽约的可可亚交易所以奖金公开向全国学生征求关于利用可可亚及巧克力的论文时，赫华多因入选而获得100美元的奖金。

由于没有找到适当的工作机会，他在马萨诸塞多阿马士多住宅的地下室建立个人的研究所。不久之后新的法律被制定出来，规定牛奶要标示其中所含的细菌数，赫华多接受了当地14家牛乳公司的邀请，为他们计算细菌的数目，而他就需要有两位助手。

25年后他会有什么样的发展呢？现在从事营养化学工作的人到了那时不是退休，大概就是去世了吧。于是他们的地位，就会被目前热情洋溢、富于创意的年轻人继承。25年后，赫华多无疑会成为指导者，而与他同年级，自他手里买走冰淇淋的人，多数会失业、沮丧、谩骂政府，大叹自己运气不好，及上天不公平。而即使赫华多，如果当初没有决意要使无聊的工作变得有趣的话，好机会应该是不会从天上掉下来的。

很久以前，另一个年轻人已厌烦了单调的工作——站在车床旁边制造螺丝。他的名字叫萨姆。萨姆想辞掉工作，但是没有找到另一个适当的工作，既然不得不做这个无聊的工作，便决心无论如何要使它变成有趣的事。于是他和自己旁边的机械工竞争。一个是研磨粗糙的表面，另一个是把螺丝加工成适当

的直径。他们随着信号打开机械的开关比赛谁加工最多。现场
主任对于萨姆迅速正确的工作效率很感动，便很快把他调到较
好的工作岗位。那是晋升的开端。30 年后，萨姆即萨莫艾尔·博
克兰已是波尔多运机车制造工厂的老板。如果他不曾下决心要
使无聊的工作变得有点生趣的话，他的一生，大概就只是一个
机械工人罢了。

　　一名电台新闻播报员卡尔曾说过一些关于如何改变无聊的
有趣的话。他 22 岁时，在家畜运送船上给牛饲料、喂它们喝水，
横渡大西洋。在英国的自行车旅行后，他空着肚子，带着一毛
钱也没有的钱包到了巴黎。他把相机以 5 美元当掉之后，找出
"纽约哈雷特"巴黎版的求职广告栏，其中有立体幻灯机的销
售工作。如果是 40 岁左右的人，要同时看两个像，一定会想
到那种旧式的立体望远镜，用那个可以看到奇迹产生。两片立
体望远镜的镜片可以把两个影像重叠成一个，而产生立体的效
果，令人感觉就像看到实景一般。

　　卡尔沿街兜售一部部的机器，但是他不会说法语。即使如
此，在第一年他也赚了 5000 美元，在推销员中是所得最高的
一个。据他说，当时总自觉本身具有某种成功的条件，如同具
有在哈佛大学学习一年以上的益处与实力。

　　由于这个机器，使他对法国人的生活有深入了解，这对于
他晚年从事欧洲的报道有意想不到的帮助。

　　既然不会说法语，又如何成为一流的销售员呢？他首先拜
托雇主，请他把所有销售时需要的话写下来，并把那些话背下

来。按下门铃，当家庭主妇出现时，卡尔便用奇怪的重音，反复说着记忆下来的句子，然后拿照片给对方看。当对方提出任何疑问时，他耸起肩膀说："美国人……美国人"，然后拿下帽子，指出贴在里面，全部是法文的宣传句子。家庭主妇不禁笑出来，他也跟着笑，然后再拿照片给她看，情形就是这样。

卡尔回想在说这些话时，工作给他的感觉是绝对不快乐的。据说，对他来讲，要使工作有趣这个念头是进行工作的唯一原动力。他每天早上出门前，都会看着镜子里的自己，自我激励一番：卡尔，不这样做的话，就没办法生活了吧。既然不得不做，何不让他成为一件愉快的事呢？按门铃时，便想象自己是一个置身于舞台灯影中的演员，观众正目不转睛地盯着自己。总之，你所从事的工作就和舞台上的戏剧一样，无限有趣！那为何不投注更多的热情和兴趣呢？

根据卡尔的话，每天更要用这样的话来鼓励自己，最初不喜欢的工作说不定什么时候就会变得喜欢，又能因而获得高的利润。

渴望成功的美国青年希望能得到他的一些忠告。他说："首先，每天早上打自己一巴掌，据说从半睡眠状态变成清醒状态，使身体活动起来是很重要的。然而既然那是必要的事情，就每天早上使身体及头脑清醒，并开始行动。"

每天早上以言语来勉励自己，不知怎么，看起来好像幼稚的小孩。事实上，这才应该是健全的心理。"我们的人生是根据我们的思考所创造的。"这句话和18世纪前马尔库斯·阿雷文斯写在《自省录》上的一样，即使在现代也还是颠扑不破的真理。

每一天内心的自我对话，都能引导自己去考虑关于勇气、幸福还有权力及和睦，告诉自己应该感谢的事情，心中就会充满喜悦以至于想放声高歌。

根据这些正确的思想，能够减少对某些工作的厌恶感。上司固然希望你对工作深感兴趣，你不也期望收入增加吗？且不管上司的希望如何，而你说不定因此为自己的人生赢得更多的幸福。

因为，你清醒的大半时间都花在工作上，如果你不能在工作中找到幸福，那么你又要到哪里去寻求快乐呢？如果对工作有兴趣，不但能自烦恼之中解放出来，而且就长远的眼光来看，也会带来晋升及加薪的机会。相反，即使没有任何效果，也能把疲劳减至最低程度，而享受空闲的悠然自得。

28. 不要为失眠症而忧虑

当无法睡好觉时，你会担心吗？你必定想听听国际名律师山姆·阿特伊的经验，因为他从未有过一天正常的睡眠。

在上大学时，他即苦于因气喘而导致的失眠。但似乎两者都无法治愈。这种情况之下的上上之策，就是充分利用睡不着觉的时间——起床读书。这样一来，他变成了班上的佼佼者，纽约的天才学生。

开始当律师后，失眠症仍不见好转。有句口头禅是"上帝会保佑我的。"正如他所说的，虽然睡眠时间极短暂，但因他本身很健康，所以比纽约的任何一位青年律师都还活跃，而且反而因此比别人做更多的工作。

他在 21 岁时，年收入就已有 75000 元了。很多同期的年轻律师都远道来请教他。1931 年，他处理了某一案件，以现金 100 万美元的辩护费打破了有史以来的最高纪录，事业达于巅峰。

但他的失眠症依旧，夜间一半时间花在读书上，早上５点起床，在大多数人开始工作的时候，他的工作已经完成了一大半。他终生不知熟睡的滋味，但他不为之忧虑，否则怕早已精神崩溃了。

我们一生中有１/３的时间用来睡眠，可是却没有人知道睡眠真正的意义。它似乎只是一种习惯、一种休息状态，我们不知道每个人该有多少睡眠，且不知道睡眠对我们是否绝对必需。

第一次世界大战期间，保罗·肯恩因作战而脑部受伤，痊愈后留下了奇怪的后遗症——无法入眠。尽管医生用尽种种方法：镇静剂、麻醉剂甚至催眠术……都无法使他入睡。此一病例至今还是医学界的一个谜团，推翻了长久以来我们对睡眠的认知。另外对睡眠的需要似乎因人而异，多寡相差悬殊。

因失眠所感受到的忧虑，对一个人的伤害远甚于失眠本身。我的学生爱荷·山德纳就差点被长期性失眠给折磨得自杀。爱荷·山德纳告诉我：

刚开始时我有正常的睡眠，早晨闹钟都吵不醒我，经常迟到，结果老板发出了警告，我知道自己如果再不改进就将被炒鱿鱼。

我把这个情形告诉一位朋友，他建议我每晚入睡前就专心听闹钟的声音。这下可好啦，滴答、滴答的响声纠缠得我心神不宁，所有的瞌睡从此绝缘，整夜都睡不着。天亮时，我因疲劳及不安而成了半个病人，现在回想起来也怀疑当时的我是否发狂了——有时好几个小时都在房间内踱步，也常常有想从窗户跳下去，了结一切的冲动。

终于，我求助于熟识的医生，他说："我无能为力，任何人都无法帮助你。因为问题完全在于你本身。如果晚上躺在床上睡不着的话，就将睡觉的事忘记，不要勉强，劝自己说睡不着也无妨，即使清醒到早上也不算什么……只要闭目休息，安然处之就好了。"

其实逼得人想跳楼自杀的不是失眠症，而是随之而来的忧虑。

芝加哥大学教授南山·卡特蒙是睡眠研究的权威，他说："没人会因失眠而死，失眠本身所带给人的伤害远不及我们所想象的；对失眠所产生的恐惧与忧虑，才是真正破坏我们健康的致命伤。"

卡特蒙教授也说，失眠的人并非完全没有睡觉，有时他们睡着了却不自知。说"昨晚一点都没睡"的人，也许在不自觉中睡上了几个小时也说不定。

例如，19世纪最优秀的一位思想家哈勃特·史宾塞，他讨厌噪音，为了镇定神经而戴了耳塞，甚至有时为了引起睡意而服食鸦片。一晚他和朋友休斯一起睡。第二天早上，史宾塞抱怨说一整夜都没睡。但实际上没有睡的是休斯教授——因为被史宾塞的鼾声吵得无法入眠。

获得甜美睡眠的前提是心理上的安慰。我们必须感觉有一股强大的力量在保护我们，才能够安稳地睡到天亮。

托马斯·哈斯勒博士曾说："以一个医生的立场来说，我认为祷告是最能获得安全感的方法，可以帮助我们获得心理上的安静与祥和。"

乔内特·玛克纳德告诉我，每当她感到忧郁、焦虑得无法入睡时，就会反复念着一首赞美诗藉以获得安全感。这首赞美歌就是："主是我的牧人，他使我不致匮乏；蓝天下、绿野上，他领我到休息的水之湄……"

如果你不是教徒，那么，祷告对你而言，可能是个陌生的名词，也不容易做到。那就可以借着身体的松弛来达到休息的效果，从头部、眼睛、脖子……直到全身，让身体的各部位都卸下所有的紧张，这样，也许对你的失眠有所帮助。

另外一种治疗失眠的方法就是借着游泳、种花、慢跑等消耗体力来使自己疲劳，以期达到睡眠的效果。

真的精疲力竭时，即使走路也会自然睡着。记得我 13 岁时，父亲带我到市集去卖猪，因为错过车，我们只好走路。一路上新鲜的景物使我目不暇接，但终因疲累不堪而边走边睡。现在，我依稀记得当时父亲牵着我的手，我只是一步一步机械化地行进，脑海中一片昏沉，完全不知道周遭的情形，那正是边走边睡。

一旦疲累不堪，即使是在极恐怖、危险的战场爆炸声中，你依然可以酣然入睡。著名神经科医生佛斯特·肯尼迪说，1918 年英国第五军团撤退时，他目击了士兵们因过于疲困而倒在地上酣然熟睡的情景。即使他以手指拨开他们的眼睑，也无法使他们睁开眼睛，而且他们的瞳孔一定是在眼窝上方。肯尼迪博士说："从此以后，当我睡不着时，就让眼球骨碌碌地在上方做回转运动，于是马上哈欠连连地引起了睡意。那是一种反射动作，连自己都无法控制。"

至今仍没有因拒绝睡觉而自杀的人，恐怕以后也不会有。自然不问人的意志而强制人睡眠，自然尽管有时对于长久没有提供食物及水置之不理，但对于睡眠却不会长期放任不管。

谈到自杀，我想起亨利·林克博士在《人的再发现》一书中所描述的，他在《关于克服恐惧和忧虑》一书里谈及曾与企图自杀的患者谈话。林克博士知道无论如何劝导都只会使事态更趋恶化。因此他对患者说："如果你非自杀不可，那就表现得英勇一点，先把体力用在跑步上，最后力竭倒地，这种死法岂不比较高明？"

那个患者接受了这个提议，不只一次，他做了两次、三次。姑且不论身体，心情方面，每做一次便觉得愉快多了。到第三晚他感到极端疲累，紧张感于是消逝，身子如木棒般直挺挺地倒下便睡。林克博士打一开始便以此为目标。那时起，病人加入了体育俱乐部，并参加竞技，完全恢复了生机。

为了不为失眠困扰，应遵守下列五个原则：

第一，睡不着时就不要勉强自己，你应起床，在想睡以前做些事或读些书。

第二，没有人会因为失眠而累死的；由失眠所产生的恐惧与忧虑才是损害健康的致命伤。

第三，藉着祷告或赞美诗来稳定自己，以获取安全感。

第四，借着各种运动来松弛身心。

第五，消耗体力。当体力透支过多时，自然会产生睡意。

【摘要】帮助你消除疲劳、保持活力与冲劲的 6 种方法：

●在尚未疲倦之前，就随时找机会预先休息，以防体力过分透支。

●在工作中放松自己，使工作不致变成沉重的负担。

●如果你是家庭主妇，要经常利用家务之余，做些松弛身心的活动来维持你的精力与青春。

●培养下面几种应有的工作习惯：

把办公桌整理得整整齐齐，除了手边正在处理的工作文件外，其他毫不相关的资料别堆在桌上；按照工作的重要性依序处理；当你面临必须解决的问题时，就要果断，不要犹豫不决；学习组织、管理、监督与分层负责的科学管理概念；在枯燥的工作中发掘乐趣，以保持工作的热情与冲劲；·没有人会因为失眠而累死，失眠的本身并不会造成多大的伤害，对失眠所怀的恐惧与焦虑才真的能杀死人。

第五部

他们是如何克服忧虑的

29. 突然击垮我的 6 个烦恼

企业家　布拉克·伍德

1943 年夏天，我觉得好像全世界一半的烦恼都压在我肩上。

差不多 40 年的时间，我一直过着正常而快乐的生活，身兼丈夫、父亲及商人的身份，除了日常生活的辛劳之外，即使不免偶遭挫折，但都是能力所能解决的范围，而现在随着战火声，突然袭来了 6 个灾难。为此，我整晚在床上频频翻来覆去未能成眠，甚至害怕见到晨曦。可是，次日我又不得不再度面对它们。

这 6 个大问题是：

一、我办的商业学校由于学生陆续出征而面临财务上的危机。女孩子也大多数放弃学业而进工厂工作，因其薪水比从学校毕业后所得的还多。

二、大儿子被征召入伍，因此我也像所有的父母一样，每天为儿子的安全担惊受怕。

三、俄克拉何马市已有一大片土地被征收为机场用地，而我家的房子正好就在征收地的中心。而被征收的土地，只能拿到时价 1/10 的钱来作为补偿。更严重的是，如此一来，我将如何安顿这一家六口呢？

四、由于军方在住家附近挖掘水道，我们家中的井水都干涸了。因为已列为被征收土地，因此挖新井等于浪费 500 元。两个月来，我不得不每天从老远的河边挑水来维生。因此十分担心战争打下去……

五、我家离学校 16 公里，我一直担心哪天我福特车的破旧轮胎真的不行了，因为根本没有新轮胎可以给我用。

六、大女儿预定提早一年毕业。她很想念大学，但家里又付不起学费。因此我一直十分苦恼。

有一天下午我坐在办公室思考这堆难题，决定把它们全部写在纸上。当时我觉得世上再没有比我背负更多烦恼的人了。虽然过去也曾面对挑战，但都不像这些问题是在我能力所控的范围之外，我觉得无能为力，重重地跌入绝望的深谷中。后来我把它们一一写下，并随手一丢，随即完全遗忘了这回事。

一年以后，我竟在无意间发现了这张纸，仔细阅读后，发现所有当时的难题，都已随着时光消逝了：当我担心学校是否非关门不可时，政府为了辅导退役军人再教育，因此拨给学校补助金，我的学校因此客满，财务问题立即迎刃而解；大儿子已自军队退伍，在身经多次战役之后，安然归来；征收土地建机场的事件也中止了，由于在我农场外两公里的地点发现了石油而地价暴涨，因而使政府收购不起；由于土地不必被征收，便马上不惜花费地掘了一口深井，因此水源问题也解决了；轮胎的事，由于勤于修检并小心驾驶，因此它很耐用。

女儿的教育费也是白担心了。因为我奇迹般地获得一分兼差工作，使得女儿可以如愿以偿地上大学。

虽然有很多人说过：我们所忧虑的事有99%不会发生，但这场教训，才让我真正体会出它的道理。

我很感谢这一个经验，否则我恐怕还不知道"杞人忧天"是多么愚蠢。现在我已深知：不要去忧虑那些自己能力所无法控制的事情，上帝自会安排一切的。

记住：所谓今天这个日子，是昨天的你所烦恼的明天。

应问自己："我怎么能相信我自己所担心的事必然会发生？"

30. 读历史快速转换心情

美国著名财政学家　罗加·巴布森

　　即使对现在的情况悲观得不得了，我也能在一个小时内驱逐这些忧虑，使自己一变而为乐观、开朗的人。

　　我的方法是走进自己的书房，闭着眼睛抽出一本书，不管那是普列斯考的《墨西哥征服记》，还是史耶特纽斯的《罗马帝王记》，便随意打开，专心阅读。这书读得越深入，便越会感到世界总是在苦闷中挣扎，文化常常濒临毁灭。史书中的字里行间，写尽了战争、饥饿、贫穷、疾病及人类不人道的行为。一小时过去，走出这一段悲惨的历史，我才发现现在比起从前，犹如天堂与地狱。如此，我便知道世界是朝向太平、安乐迈进的。

　　读读历史吧！在一万年的格局下去判断事情，你会知道一点小小的烦恼，在永恒的眼光下，是显得多么微不足道。

31. 我是如何从自卑感中站起来的

前俄克拉何马州参议员　埃玛·托马斯

15 岁时，我一直为焦虑及严重的自卑感而痛苦不堪。188 公分的身高配上 58 公斤的体重，活像根竹竿。而极端虚弱的体质更使我根本无法与同学打球、赛跑。更糟的是，由于严重的自卑而变得自闭。我躲开人群，成天缩在原始森林中——那是几乎与外界隔绝的自家农场。经常一个礼拜里看不到家人之外的面孔。

那时我日夜为自己这奇特而虚弱的身体烦得不得了，那种苦闷实在无可言喻。我的母亲过去曾是老师，因此很能了解我的心情，于是对我说："你要切切实实地求学用功。你的体格既然注定这样，那么你就要靠自己的头脑来生活。"

由于父母亲无力供我念大学，因此我知道必须靠自己去开一条路来。冬天时便用网子去捕捉黄鼠狼之类的动物，等春天出售毛皮，获得了 4 元，再利用这笔钱买了两头小猪。到了第二年秋天小猪们长大了，再以 40 元售出。我就带着这些钱前往印第安纳州就读中央师范大学。每周以 1.4 元作为膳食费，50 美分作房租。我穿着母亲为我做的一件褐色衬衫，这是母亲为了便于掩饰污渍及破绽而特意选用的颜色，上衣则是父亲的旧衣服。不但衣服不合身，连那双穿旧的半统靴也不合脚。鞋子宽度虽可伸缩，但更大的问题是橡皮由于太旧而裂开伸出外面，每走一步鞋子便像要掉了一般。由于我一直很害怕和其他同学来往，因此老关在自己的房内念书。当时最大的愿望是买件合身的衣服穿在身上，不再感到丢脸就好了。

但由于后来发生了四件事，成为自己克服烦恼及自卑感的转机。其中之一甚至使我产生了勇气、希望和自信，而完全改变了我的一生。那就是：首先，在进入师范学校短短 8 周后，我就通过了考试，获得乡下小学教师的资格了。更棒的是聘期长达 6 个月。这是到目前为止，除了母亲之外，我首次被其他人肯定的证明。

随之，我参加当地一个"快乐，你好"（Happy, Hello）的教育委员会，以每天两元或每月 40 元聘用我。这又是另一个肯定的证明。

在拿了一笔薪水后，我立刻买了一套自己喜欢的衣服。现在即使有人给我 100 万，兴奋、激动之情，也决不会超过当时。

我人生真正的转折点，也就是首次克服困惑及自卑感的光荣胜利，是在印第安纳州贝布利奇市的年度市集中，母亲劝我去参加演讲比赛。但对我来说，那简直是天方夜谭。别说在公众面前了，即使是一对一谈话我都会不知所措……

但是，母亲对我的期待和信任深深激励了我。于是我参加了演讲大赛，胆敢以我了解不多的"美国的美术和学艺"为题参赛，这些并不构成问题，因为听众也不了解。我搜集了许多美丽辞藻，以树木、牛羊为对象反复练习数十遍。我完全只是为了使母亲高兴。由于我投入了真情发挥自己的见解，结果居然得了第一名。

当时我简直吃惊得不知如何是好，听众之间响起了一片热烈的掌声。甚至过去视我为小笨蛋的朋友，也拍拍我的肩膀，说："埃玛，我就知道你办得到！"母亲更是拥住我喜极而泣。

现在我回顾过去，那次演讲大赛的胜利，正是自己一生中的转折点。地方报以头版报道我的事迹，大书特书说我的未来是值得期待的等等。因此我一夕之间一跃而成为名人。这件事给了我坚强的信心。如果我那时未获奖的话，恐怕现在也不是参议员了。因为由于那时的入选，我的视野才大大拓展，而未为自己所知的潜力才开始得以发挥。更值得感谢的是，由于那次的夺魁，我得到了中央师范学校一学年的奖学金。

我渴望获得更多的学识，于是此后数年间，我把自己的时间分为教和学两个部分。为了赚取大学的学费，我一面干杂役，帮人割草、控制金属提炼的高温熔炉，在夏天也做过耕种及搬运砂石等工作。

1896 年总统大选时，才 19 岁的我，为了助选而参加了 28 场演说。我忘不了为了布莱恩演说时的那种狂热，因此决心也投入政界；进入哈佛大学时则修习法律和辩论术。1899 年我代表学校参加大专校际辩论赛，以"以普选选举参议员"为论题。另外，又在好几个辩论大赛中得奖，1900 年获选为大学年报《海市蜃楼》等的主笔。

获得学士学位后，我接受建议，不去西部而前往西南部——我到了新天地俄克拉何马，当了 13 年州议员，经过多年的政治历练后，我终于如愿以偿，在 1927 年 53 岁时进了美国参议院。

以上并不是我在炫耀自己的成功。因为这对他人来说一点意思也没有。我不过想借着谈论自己——过去曾只是穿着父亲旧衣服、套着十分不舒服的破胶鞋的我，希望能唤起一些同样苦于贫弱、自卑的不幸少年们的自信和勇气。

这位在青年时代曾经因为衣服不合身而抬不起头来的参议员，最近，却被公认为最懂服饰品味的参议员。

32. 我生活在阿拉的乐园中

作家　R·C·波德烈

1918 年，我离开了我生长的世界，渡海前往西北非，在所谓"阿拉的乐园"撒哈拉沙漠，和阿拉伯人一起生活。在那里过了 7 年，学习游牧民族的话，和他们穿一样的衣服，吃一样的食物，过着和他们那种两千年来几乎一成不变的生活方式。我也成了牧人，睡在阿拉伯人的帐篷中，另外也详细地研究他们的宗教，后来撰写了《神的使者——穆罕默德传》。

和这群流浪的牧羊者生活的 7 年，是我一生中最祥和最满足的时光。

在此之前，我已有了十分丰富的经历了。双亲是英国人的我，却出生于巴黎。我在法国住了 9 年，后来又进英国军官学校，成为英国陆军将校后，在印度过了 6 年。我在那里一面担任军务，也一面玩马球、打猎、去喜马拉雅山探险。

第一次世界大战时我随军出征，战后以和约使节团副官身份被派到巴黎。巴黎所见给我很大的打击。在西线浴血战斗的4年之间，我一直相信那是为了拯救文明。然而在巴黎的和会上，我却亲眼目睹那些短视的政客由于自私而埋下了第二次世界大战的种子。各国为了攫取私己的利益，而酿成国际间的敌意，并再度兴起诡诈的秘密外交。

于是，我恨透了战争、军队、整个社会，生平第一次痛恨今日的生活方式，也因此连续失眠了好几个晚上。

洛德·乔治劝我进入政界，就在我打算接受其忠告之时，不可思议的事发生了。这件事决定了我往后7年的命运：我和一次大战时最富传奇性的人物——有"阿拉伯的劳伦斯"之称的泰德·劳伦斯短短不到两百秒的谈话里，他劝我和他一起到阿拉伯沙漠去。乍听之下，觉得这简直是异想天开的事。

因为已经决心离开军队，势必从事某一种工作才行，而民间的企业家对我们这些出身军队的人是敬而远之的；而劳动市场中更亮起红灯，想谋份差事真是难上加难。因此，我采纳劳伦斯的建议到阿拉伯去。

现在回想起来，我十分庆幸做了那样的决定。阿拉伯人教会了我克服忧虑的方法。每一个虔诚的回教徒似乎都是宿命论者。他们坚信穆罕默德在《可兰经》上写的每一个字，都是阿拉真神神圣的启示。

因此，《可兰经》上写着"阿拉主宰着你与你一切的行为"，他们就毫无疑义地全盘接受，能以平静的心去面对所有的苦难。他们认为一切都已在冥冥中注定了，并非人力所能改变。但也并不是说他们遭到不幸时，都一味听天由命。

在那边有一种称为"焚风"的热风，曾三天三夜以强猛的威力肆虐该地。由于实在是太强了，远远隔着地中海数百公里的彼岸法国隆河流域（Rhone，源于阿尔卑斯山，流经法国东南部，最后注入地中海），也都被撒哈拉的沙尘吹成灰蒙蒙般苍茫。

风势强到极点，令人不禁要想头发是否被烧落掉了。喉咙更是一片焦灼，眼睛发烫，齿间都塞满了沙粒，感觉上好像站在瓦斯工厂的火炉前一般。我简直快发狂了，但阿拉伯人绝对不会有任何的不平，他们只会耸耸肩膀说道："这一切都是阿拉的旨意"、"这已经都在可兰经上了"几句话。

但是，一旦风暴停息，他们便开始采取补救行动。首先杀死所有感染病菌的小羊以拯救母羊。杀完了所有小羊之后，便把羊群引导到南方的饮水草地。他们似乎完全无视于自己所受的灾害一般，仍旧平静地工作。阿拉伯人的族长说话了："还好！还好！一切财产都将损失之时，由于神的庇护，还留下了四成。这样羊群又可以重新开始繁殖了。"

另外，还有一次坐汽车穿越撒哈拉沙漠时，轮胎爆了。司机根本忘了备胎，于是我们只好使用三个轮胎。我又焦急又紧张，忙问阿拉伯人该如何。他们回答说："紧张也无济于事，只会更热而已。爆胎是阿拉真神的旨意，我们无能为力。"此刻车子连外胎都掉了只剩下内胎，车子开始在地上爬。不久车子便动弹不得了，而且汽油也已用尽。族长只是平静地说："这一切都是阿拉真神的旨意。"大家都没有责备司机事先没加汽油，仍然一派平静的态度，边唱歌边步行前往目的地。

在与阿拉伯人共同生活的7年中，我确信了欧美的精神病患、疯子及酒鬼等等，都是由于忧虑而紧张的生活产生的，也可以说是一种文明的产物。

在撒哈拉沙漠生活的那段时间，我一点烦恼也没有，且轻易地找到了我们所拼命探求的精神上的宁静与满足。

回顾过去你会发觉许多事，根本不是自己能力所能控制的，阿拉伯人称之"阿拉真神的旨意"。不论称谓为何，这确是一种不可思议的力量。在我离开撒哈拉17年后的今天，我仍保存着由阿拉伯人身上学来的凡事乐观的命定论。因为这种哲学比起任何安定剂都更有效地安定我的精神。

猛烈的热风袭来，如果你无法阻止它，却也不要逃避，而要勇敢接受，并准备展开劫后的补救行动。表面上这或许是消极的，但都是一种勇于面对现实而努力出发的积极思想。

33. 驱逐忧虑的 5 个方法

大学教授　威廉·费布斯

（作者在耶鲁大学教授费布斯去世之前不久，和他畅谈了一个下午，下面是当时谈话内容的摘要）

在我 24 岁时，忽然感到眼睛不太对劲。只要看书三四分钟便感到刺痛难忍。有时即使不读书也会十分敏感，最后连正视窗口等较明亮的东西也办不到。求助过纽约名眼科医生仍然无济于事，每当过了下午 4 点，便只有躲在房中最暗的角落里等待睡神的降临，我担心自己是不是会双目失明。

就在那时发生了一件奇妙的事，证明了精神力量对于肉体上的痛苦，具有不可思议的影响力。就在我眼睛状况最糟的那个悲惨的冬天，我应邀做了一场演讲。当时天花板上的强烈灯光使我睁不开眼，于是我只有把视线移到地板。就这样，在 3

分钟的演讲里我一点也不感到眼睛的痛苦，也可以稍稍地直视光线了。但在演讲结束之后，我的眼睛又刺痛如昔了。

那时我便想，如果精神力量够强，不要说30分钟，即使是一个礼拜，眼睛都可以恢复正常。这很明显是精神上的力量战胜了肉体上的痛苦。

后来我在横越大西洋时也有同样的经验。由于腰痛得十分激烈，使得走路都十分困难。一要站起来，便感到剧痛。在那种情况下我应邀对乘客发表一场演讲。当一开始讲时，我身上的痛苦和僵硬感便突然消失了。我挺直腰杆、神采奕奕地在讲台上整整讲了一个小时。演讲结束后，我还轻轻松松地回到自己的房间。本以为腰痛从此根除了，但那只是暂时性而已，不久就又旧病复发了。

这些经验告诉我人类的心理因素是多么重要，也告诉我尽可能快乐地享受人生是一件多么必要的事情。因此我每天都以"今天"这个日子当成是开始，也是结束的"唯一的一天"去生活，因此，我热爱生活中的每个细节，决不被烦恼所折磨。

我也发现可利用阅读自己喜欢的书来驱逐心中的烦恼。59岁时，我患了慢性的神经衰竭，那时我埋首阅读戴维·亚雷特·维森的名著《卡莱尔传》，使得复原大有进展。这是因为借着读书来集中精神，便会忘却忧郁的缘故。

有时候我会意念消沉到极点，这时我便会拼命去活动自己的身体。每天早上先打网球，然后好好冲个澡，午餐后再打18洞高尔夫球。星期五晚上，尽情跳舞直到凌晨1点为止。我是流汗主义的信徒。因为借着活动出汗，所有的忧郁、烦恼也都会随之流逝得干干净净。

很久以前，我就开始避免使自己在慌慌张张的状态下工作。我很欣赏韦伯·克洛斯的人生哲学。当他担任康州州长时，对我说过："当我突然碰到一件非做不可的工作时，我都先口含烟斗悠闲地坐在椅上，一小时里什么也不做。"

我深知耐心和时间能够帮我们消除忧虑。每当我为了某事烦恼时，我便以宽广的视野来再度观照它，然后对自己说："两个月以后，这些烦恼大概也不成其为烦恼了，为什么不用两个月以后的情势来面对现在的烦恼？"

归纳起来，费布斯教授用来驱逐忧虑的几个方法是：

以欢喜和热情的态度生活。

念自己喜爱的书，忧虑就不得其门而入了。

运动！让运动同时排掉你体内的汗水及心理的忧虑。

放松心情去工作，避免在紧张的情绪下做事。

用广阔的视野来观照自己的烦恼——"两个月以后，这些烦恼大概就不成其为烦恼了！为什么不用两个月以后的情势来面对现在的烦恼？"

34. 昨日已安度，今日有何惧

桃乐丝·迪克斯

　　我是从贫穷和疾病的深渊中生活过来的，帮我走出深渊的是这样的信念：

　　"昨日既已安然度过，今日又有什么好怕的！而明天自有明天的安排，我决不为它忧虑。"

　　回顾自己的人生，尽是幻灭的梦想、破碎的希望等等，幻影残骸遍地的战场——我虽遍体鳞伤，但依然斗志高昂，一点也不为自己的不幸悲伤，也不羡慕那些从未遭到苦难的女子。她们只是单纯的存在而已；而我却是毫不含糊地一步步走过人生的困境，我把"人生"这杯酒里的每一滴都酣畅淋漓地品尝，而她们都只是尝了尝浮在表面的那层泡沫罢了。我知道了许多她们所不能了解的事，看过许多她们未曾目睹的东西。能够拥有广阔的视野，和全世界的人们成为姊妹的，只有这些用眼泪洗礼过自己的女士们。

　　我在名为"严格的试炼"这所伟大的人生大学中，学会了生活安逸的女性们绝对无法体验到的哲学。我学会每一天都真真实实地活着，决不背负明天的忧虑。使我们胆小的，往往是来自想象中的阴惨的压迫感，而我驱除了它们。平日一些小小的不如意，也不会对我们有任何的影响。在亲眼看到幸福殿堂崩溃之后，碰到家中佣人做错了事、厨师煮坏了汤之类的事时，心中完全不以为意。

　　我也学会了对他人不要有太多的期望，因此不但可免失望之苦，且能与人和平相处。遇到苦难时，更应以幽默的态度面对它。能以自嘲来代替歇斯底里的女性，就绝对不会第二次陷入愁烦的苦境中。我对自己所遭遇的困境决不抱怨，因为经由它们我才更加了解人生的每一隅，这就是最大的收获了。

　　我是生活在"今天"，不是昨天、更不是明天；我不对他人有太多期待；学会以幽默的态度来对付苦难。

35. 相信自己拥有明天

J·C·贝尼

（1902年4月14日，有一个青年在怀俄明州雄心勃勃地以400元为资本，开了一间店，希望有朝一日成为百万富翁。这是一个人口仅有一千人的矿区小镇，他和妻子住在小阁楼上，以大箱子为餐桌，小箱子为座椅。生意忙的时候，妻子就把孩子放在柜台下，以便自己帮丈夫照顾生意。现在，他们已成为世界最大布料连锁店的主人了。J·C·贝尼连锁店，便是因他而来的。我最近和他一起吃饭，他告诉我他生涯中最戏剧性的一刻。）

很久以前，我突然陷入莫名的忧虑和沮丧中，这和事业无关，因为连锁店的生意好得很；倒是在1929年经济大恐慌前夕，我和很多人一样，对于并非自己能力所能主宰的经济局势抱着悲观的态度。忧虑使我寝食难安，而终至病倒。

医生警告我说病况严重，要我躺在床上好好休养。此后也接受了十分严苛的治疗，但病情却不见改善，且日渐衰弱下去，身心濒临崩溃边缘的我顿感人生灰暗，孤独无依，好像家人、朋友都已背弃我了。

一天晚上，医生让我服下安眠药，但似乎没有什么效果，不久就醒了过来。当时突然觉得那是我人生的最后一夜了，于是起身写信与妻子诀别。上面写道："我大概无法看到明天的晨曦了……"

第二天早上醒来时，很惊讶自己居然还活着。我走下楼梯，听到附近小教堂传来的歌声。我到现在还记得那时听到的"神将照顾你"这首赞美歌。我静静聆听神圣的歌声，心中突然产生了一种奇妙的感觉。我无法说明那种感觉，只能说那是一种奇迹，我感觉自己好像忽然由黑暗的地窖中，重新被引到温暖、可爱的阳光下。神向我伸出了慈爱的手！

从那天以后，我便完全由忧虑中解放出来。现在我已71岁，但那天早上在教堂所经历的，却是我一生中最闪耀、最戏剧性的20分钟——"神将照顾你。"

36. 在体育馆内动一动或出去走走

美国陆军上校　艾迪·伊加

每当开始为了某事烦心，我便设法劳动自己身体以发泄忧虑。跑步也好，去乡下走走也好，或去连续打 30 分钟的拳击袋、打打网球等等。不论是哪一种运动都会为我清除掉这些精神上的残渣。周末，我都会参加许多运动：奔跑在高尔夫球场上、网球场上、滑雪场上等等，借着身体的疲劳，使自己的心能稍微离开法律问题以获休憩，然后再投入工作、全力冲刺。

即使是在纽约工作时，我也经常在耶鲁大学俱乐部的体育馆去消磨一个小时的时间。打网球、滑雪时，你会忙得根本没时间去忧虑了。因此，心中忧虑的高山顿时化为一堆小冢，进而消逝无踪；新的思想会在心中开辟出一片宽阔的天空。

忧虑症最好的解药是运动。一有烦恼，就要像埃及的骆驼

233

寻找水一般充分的运动，另一方面也把满怀忧虑，化为乌有。

治疗烦恼的特效药是运动；解除烦恼，最好用肢体的运动，替代头脑的运动。

37. 我是个忧郁的青年

吉姆·巴德逊

17 年前，当我在维吉尼亚读军校时，我是以"那个维吉尼亚工业大学的忧郁小子"而闻名。我的烦恼十分严重，经常导致重病，并且不断地发生，因此学校附属的诊所索性为我设置了私人专用的病床。护士一看到我，便会马上跑来为我打针。我时时忧郁，但有时甚至不知自己真正烦恼的是什么。我担心自己会不会因成绩不佳而被勒令退学，我也担心自己的健康，对于严重的消化不良及随之而来的剧痛及失眠等等都烦恼得不得了。另外也困于经济上的问题，担心不能常买礼物送她、带她去跳舞，更担心她是否会因此弃我而去⋯⋯

就这样，我日夜为这些毫无意义的事情愁烦不已。

绝望之余，我便把内心的种种苦恼向迪克·贝亚德教授倾吐。在这短短的 15 分钟里，我欣见生命的曙光重现，黑暗隐遁。

他说："吉姆，沉着一点，清清楚楚地正视事实。你只要把花在这样毫无意义的烦恼上的时间，拿出一半来用在解决问题上，大概烦恼都可以消失的。所谓烦恼，只是你自己骄纵养成的一种积习罢了。"

然后，教授便教我三种打破这个坏习惯的方法：

首先弄清楚自己真正担心的是什么；其次找出问题的症结；然后在解决问题上采取直接、建设性的行动。

这次面谈之后，我便拟定了建设性的计划。首先，不再像过去一样老为物理不及格愁烦不已，而反过来责问自己，为什么每次考试都会失败？我并不是天资愚钝，在维吉尼亚工业大学时，我不是还担任学校新闻的主笔！

我在物理科上的失败，是由于我对物理没有兴趣。因为我志在当工业技师，而对物理始终没有努力过。我对自己说道："如果物理不及格，学校便不授予学位，那么，你一味排斥，岂不是太不聪明了？"

于是，我便去重考物理科，结果顺利过关了，这是因为我抛弃了物理很难的无聊念头，而真正好好地念了书的缘故。

另外，我也借着打工解决了经济上的拮据。我在学校舞会担任调酒的工作，并向父亲借钱，但在毕业后，便立即还清所有借款。

我也向那位令我担心会嫁给别人、心仪已久的女孩求婚，她现在已是吉姆·巴德逊夫人了。

现在回想起来，当时我的烦恼都是由于我太爱钻牛角尖的结果。也就是忘记应该面对问题，而只是一味逃避事实而产生的一种精神不振的状态罢了。

吉姆·巴德逊借着教授的指导，找到了问题的根源，从而解决了自己的烦恼。

38. 神给予的力量

神学院院长　约瑟夫·赛兹博士

这是相当古老的事，有一天我突然感到不安和幻灭感，想到将来会是一片黑暗时，突然看到手上所拿的新约圣经，里头有一句话吸住我的目光，这句话是："把我送到地上的人，常与我同在——像父亲一样的神啊，你不要把我抛弃。"

在那一瞬间，我的人生改变了。自从那天以来我几乎不间断地重复念着那句话。近年来，到我家来和我商量的人很多，我总以这句话相赠。只因为它常与我同在、随时给我心安、给我力量，它是我希望的泉源，"主啊！你不要把我抛弃！"我总是这样复诵着。

一句话，可以改变一个人的一生！

39. 困境是人生一帖良药

泰德·耶利克逊

　　以前我是异常忧郁的人，但现在已经完全改观了。由于
1942年经历了一件事而使自己的烦恼一扫而空。

　　很久以前，我计划利用一个夏季的时间去体会阿拉斯加渔
夫的生活。于是，在1942年签约，参加由阿拉斯加迪亚克港
出航的一艘9.8公尺长的拖网渔船的作业。因是小船，所以船
员只有3人，即指挥全船的船长、助手以及担任杂务的船员。
这个船员一般都是由斯堪的纳维亚人来担任，而我本身就是斯
堪的纳维亚人。

　　这种海底拖网捕鲑鱼的方式完全听任潮汐的起落，因此我
经常一天24小时不停地工作。这种情况有时持续了一个礼拜
之久。更麻烦的是他们把不想做的事全推到我身上：清扫地板、

整理渔具、在充满机械臭味及热气的令人作呕的小舱中，用小锅炉做饭等等。另外，也要洗碗盘、修船，并把捕到的鲑鱼由船身丢到舢板中，然后由舢板把它们运到罐头工厂。尽管我穿着长统橡胶靴，但是靴里总是湿漉漉的，更糟的是连把里面的水倒掉的时间也没有。但是上面这些事跟一项称做"拉软木线"的工作比起来，就简直像游戏一般轻松了。这项工作其实不过是站在船尾，把接连在拖网上的软木浮标和绳索拉上来而已。但由于网子十分沉重，因此每次拉起来都战战兢兢，一不留神的话，我和船反而会被它拉走。费尽全力把它拉上来之后，还必须把它放回原处。这样的工作持续了好几个礼拜，以致我累得简直要瘫痪，全身剧痛得可怕。数月以后仍复如此。

好不容易可以休息时，我便躺在仓库的湿床垫上，但背上最痛的地方刚好顶在床垫最坚硬的部分，就像遭人下毒一般痛苦——极度疲劳的这种毒药。

我很高兴自己有这一段经历。由于极度疲累，使我完全忘掉烦恼。现今如果我碰到什么棘手的问题，我便会这样问自己："耶利克逊，这会比当初拉软木线的工作严苛吗？"于是我就立刻恢复精神，重新面对问题。

因此，所谓困境，有时反而是人生的一帖良药！曾经跌到深渊的最底层，那么，还有什么事值得你忧虑呢？

40. 我是世上最糊涂的人

《贩卖5大原则》作者　帕西·怀汀

由于常常生病，我比任何人更常在生死边缘徘徊。因为父亲是经营药局的，所以我可以说是在药房里长大的。由于每天都和医生护士们在一起，所以比一般人懂得更多的医药及疾病方面的知识。但我所得的并不是一般的忧郁症——好像每当我对某一疾病多想一些后，就会呈现和真正患者同样的症状。

有一次，我们马萨诸塞州布尔顿的地方流行白喉，我家的药房每天都要售药给患者。这时，就如我所担心的一样，我也呈现白喉的症状。最后经医师证实确实得了白喉之后，反而大为安心。因为知道自己是确实患了病，而不是幻想出来的，便再没什么好恐惧的了。于是我在病床上翻了个身便安然地呼呼入睡了。第二天早上，我已完全复元了。

　　好几年来，我患了各式各样稀奇古怪的病，也受到了许多人的同情。更曾经因为破伤风及狂犬病而奄奄一息。到了后来，甚至患的是些长期的病了——癌及结核病等等。

　　我现在是含着微笑对各位说这些事的，但当时的心情可没这么轻松。由于一直是在生死边缘徘徊，因此每当春天买新衣时，我都会告诉自己："谁晓得你是否来得及穿这套衣服，何必白白浪费这笔钱呢！"

　　幸运的是，最近10年之间，我不再在死亡边缘徘徊了。

　　怎样才能脱离死神的掌握呢？每次我生病时，就会自我解嘲地说："喂！怀汀，20年来你不断经历死神挑战，赢得了无数次的胜利，现在连这点小病你就不胜烦恼，看看你这蠢蛋有多可笑！"

　　这么一来就不会猜疑不定了。所以，现在每当我情绪低潮时，就会用这种自我解嘲的方式来安慰自己。这样，忧虑就无法侵袭了。

　　这个故事告诉我们：不要以过分严肃的眼光来看所有的事情。试着以自我解嘲的方式去面对忧虑，这样就不会陷入极度的疑惑与恐惧中。

41. 我总会确保最后的长城

世界闻名的牛仔歌手　琼恩

我想一般人的烦恼，大概都是关于金钱及家庭方面。而我很幸运地和与我生活步调一致的姑娘结婚。我们共同为生活目标努力，因此使得我们家庭的纷争减到了最低程度。

另外实行两项措施，也使金钱上的困扰降至最低程度。

第一，无论何时都谨守绝对廉洁的原则，借的钱一定完全还清。因此我们和其他人没有金钱上的纠纷。

第二，当我开始什么新计划时，总会考虑到碰到金钱上的困境时的退路。

军事专家说，在战争中没有比确保最后长城更重要的事了。我认为这个原则也同样适用于人生的战场上。年轻时我曾住过得克萨斯和俄克拉何马。这些地方每逢大旱便陷入贫匮的深渊中。我们家的生活原本就已够艰辛了，一旦碰到这样的非常时期，父亲只好带着马匹到附近的村庄贩卖以维持生计。因此我比任何人都需要安定的工作。所以我决定到车站去工作，并在余暇学习电信技术。

不久后我被任命为旧金山铁路的预备通讯员，常被派遣出差各地，以补生病或请假的缺。薪水一个月是 150 元。后来，我又找到了一份更好的工作。但是我考虑到铁路局工作在经济上的保障，因此便和该局达成了不论何时都能重返原来工作岗位的协议。这就是我的一道长城。我决不为争取一份新的工作，而冒险放弃这最后的一道长城。

再举个例子。1928 年，当我还在俄克拉何马州杰鲁西的旧金山铁路局担任预备通讯员时，有天晚上有个我并不认识的人来打电报。当他看到我抱着吉他弹唱歌曲时，便建议我："你音质实在不错，不妨到纽约去闯闯！"自然，我高兴得快要飞上天了，再看看电报上的名字，整个人跳了起来，因为他是威尔·罗杰斯。

但是，我并没有贸然飞奔纽约。我慎重考虑了 9 个月，最后决定前往，因为即便白跑一趟，但绝无任何损失——我享有免费乘车权，睡则睡在座位上，因此只要自备一些三明治及水果便行了。

于是，我出发了。到了纽约之后，先租了间一周 5 元的房间，在自动贩卖机前解决三餐，花了两个半月在市内徘徊找机会。但结果是没有找到机会。如果我当初没有预先保留工作的话，恐怕真会烦恼得生出病来。因为我已经在铁路局工作5年了，因此有优先复职权，但条件是中止不得超过3个月，而我已经花了将近两个半月在纽约了。因此我急忙赶回俄克拉何马铁路局复职，守住最后的长城。我开始努力工作存钱，然后再次向纽约出发。这一次被我碰上机会了。

那一天，我在等待唱片公司面试时，一面自弹自唱给办理手续的小姐听听。那时我弹唱的是《珍妮，我梦见了紫丁香花开》这首歌。巧的是，正当我唱得起劲时，这首曲子的作词者奈特·席尔克劳特正好在办公室。当他听到有人在哼着自己的歌时，心中的喜悦自是不在话下。他于是特地为我寄了一封给胜利唱片公司的介绍信。我灌了张唱片，但成绩不佳——不但歌声太僵硬，且有点不自然。最后，我听从了唱片公司的忠告，回到塔尔沙，白天在铁路局工作，晚上则演唱牛仔歌曲。我十分满意这种生活方式。也由于确守自己最后的保障，因此没有什么后顾之忧。

9个月间，我都在塔尔沙的广播公司演唱。其中一段时间曾和吉米·隆格共同创作了《白发的老爹》一曲。这首歌深受好评，美洲唱片公司总经理阿瑟·萨里要我为他灌一张唱片。这次终于成功了。从此以后，我便以一曲50美元的价码录了好几首曲子，最后终于成为芝加哥ＷＬＳ广播公司专属的牛仔歌手，薪水是每周40美元。在那儿我唱了4年，薪水一直升到每周90元。此外，我也利用晚上在舞台表演，平均每周收入300元。

1934 年，无比的幸运降临到我身上：好莱坞的制作人们，企划制作一部牛仔电影，因此在寻找一位新面孔、新声音的牛仔。唱片公司的股东——也是该电影公司的投资者之一说："如果需要能唱歌的牛仔演员的话，在我那儿倒有一个。"

经他这么一说，我便踏入了影界，以周薪 100 元主演及主唱。那电影开始拍摄了，虽然能不能成功还是个疑问，但我一点也不烦恼，因为我随时可以回到过去的工作岗位。

很意外的，电影一推出，竟然十分叫座。现在我获得 10 万美元的年收入及电影净利的一半。尽管我不认为这种好景定能长久，但决不因此忧虑，因为不管发生什么事，即使我失去所有的财富，我都还可以重返俄克拉何马去，保住我那摔不破的饭碗。

我不会因为成功了，而忘却了初衷：那便要遵守，和人不要有金钱纠纷；确保最后的长城。

42. 我在印度听到神的声音

传教士兼辩论家　奥屈瑞

我将 40 年的生涯奉献在印度的传教事业上。刚开始时，那里的炎热与工作压力令我受不了，经常头痛、神经紧张以致昏倒。于是，在第 8 年年终时，教会命我回美国休息一年。在回程船上的礼拜天讲道时，我又再次不支倒地。船医警告我此后旅途上都必须躺在床上不准起来。

在美国休养一年后，再次出发前往印度。途中曾为大学生们演讲而昏倒，于是医生警告我若再回印度，迟早会送掉命。我不理会他的警告，仍然直奔印度，但内心却阴霾重重。到达孟买时，我已虚弱到极点，只好直接去山区休养了几个月。

此后，我仍回到平原地带，继续我的传教，但情况依旧没有好转，我仍常昏迷，因此非得再回山区休养不可。然而一旦

247

回到平原地带，晕倒的情况仍再三发生，我真是灰心透了，身心都衰弱到极点，我担心自己此后的下半辈子是否就这样像个废人一样。

若非神向我伸出了援手，我想，我大概只好放弃传教而选择回农村度完余生一途了。当时是我一生中最黑暗的时刻。有一晚祷告时，我感觉好像听到了亲切而温柔的声音："你想继续我召唤你去做的事业吗？"

我回答："主啊，我已不行了，我的力量已耗尽了！"

那个声音再度响起："如果你信我，就不会再担心了。如果你想忘却这些烦恼，把它们都交到我手上来吧，全交给我吧！"

我立刻回答："主啊，我愿切切实实和你约定。"

于是，一般安全感油然而生，走遍了全身，我感觉到无限的安心与祥和，我已经和神约定了。生命，我已经拥有丰富的生命了！我陶醉在天国般的舒畅中。当天晚上回到屋子时，我快乐得好像脚都不着地了。此后好几天我都从早忙到晚，甚至躺在床上时还奇怪自己为什么一点也不累、不想睡，仿佛生命、和平及安宁——也就是基督本身，已经都降临在我身上一般。

我不知是否要把这件事告诉其他的人。最后还是觉得应该说出来和大家分享。

我不知道别人信不信，相信从那时起我开始了我生命中最忙碌的二十多年。但过去的苦恼再也没有发生过，而且，不只是肉体方面而已，我觉得我也挖掘到了灵魂的新生命之源，我的人生被提升到更高的层次。

　　此后，我环游世界各地，有时一天讲道 3 次，且利用余暇撰写《印度各地的基督足迹》12 册。我在工作上是如此专注和投入，过去使我痛苦的那些烦恼，早就烟消云散了。现在我已 63 岁了，但仍然精力充沛，充满为人类奉献的喜悦。

　　我也许可以利用心理学的方式，来仔细分析和说明我所体验的肉体和精神上的变化。但是，生命比起这些过程的经历更为伟大，当自己感到满满充实的生命时，其间的过程便像影子般的微不足道。

　　但是，仍有一个过程依然十分清晰——31 年前我的人生在印度拉克诺的一夜中彻底改变而被提升到更高的境界。就在我心灰意冷到极点时，我听到耳际传来这样美妙的声音："如果你想忘却这些烦恼，把它们都交到我手上来吧，全交给我吧！""主啊，我愿切切实实和你约定。"

43. 一生中最狼狈的时刻

霍玛·克洛伊

我一生中最感狼狈的时刻是在治安人员走进我家门前，而我自己却仓皇从后门逃出的那一刹那。从此我失去了长岛希尔斯森林的家——我的孩子们的出生地，也是我和家人住了18年的家。真是做梦也没想到这种事会发生在我身上。

12年前，我还是个自认为世上最幸福的人。我的小说《水塔之西》被拍成电影，所获的巨额版税打破了好莱坞历年来的纪录。我和家人在海外过了两年愉快的生活，夏天在瑞士、冬天在利比亚，完全一副有钱人家的派头。

我在巴黎的6个月中，曾写了一部《他们应该来巴黎参观一趟》的小说。威尔·罗杰斯担任这部改编电影的主角。这是他的第一部有声电影。有人希望我留在好莱坞，继续为威尔·罗杰斯写电影剧本，我也确曾为之心动，但最后还是婉拒而回到纽约。从此开始了一连串的不幸。

不知打何时开始产生了一种幻想，认为自己还有潜藏着的才能，只是尚未发挥出来。我有了自己拥有企业家手腕的错觉。我不知道听谁说约翰·亚斯特在纽约大量收购并垄断土地而致富。亚斯特是何方人氏！不过是一个讲话带有乡音的商人罢了，连这一号人物都能成功，那我当然更……好吧，好好大干一场吧！于是我便迫不及待地翻出所有有关的文章。

我是初生之犊不畏虎。一如爱斯基摩人对石油一窍不通般，我对不动产也一无所知。而作为一个企业人士，在我看来就像下赌注一般，只要把大笔大笔下注的必要资金先拿到手便行了。这倒是很简单，我于是抵押了自己的住家，而押在希尔森林大厦大楼的建筑用地，然后等待哪天有人炒地皮以使它价格节节上涨，心想趁它暴涨时再加以脱手，便可以过豪华的生活了。最后竟连手帕般大的面积也没卖出。而当时的我竟还在可怜那些在办公桌上兢兢业业，却只按月领取微薄薪水的朋友。同时对于神并非赐给每个人都有我这种商业头脑，而坚信不疑。

突然，不景气的狂潮像堪萨斯的龙卷风一样地袭来，我就像小小的鸡舍般，突然被卷入暴风中。

我开始每月都必须把 220 元投入我那无底洞般张着大口的土地之中。随着时间的消逝，我不但没钱缴纳我房子所贷款的利息，甚至连生活费都成了问题。我开始再次提笔为文，但投稿的文章往往石沉大海，小说也并不成功，而所有的借款已经用尽了。身上所剩能够充当抵押品的，只有打字机和假牙罢了。早上牛奶不再送到，瓦斯也被切了，终于到了非买那种常在广告上看到、用来野炊的小炉子不可的地步了——就是那种先把汽油注入圆筒之中，然后用手去点火而倏地一声蹦出火焰的那种东西。

煤炭也被中断了，甚至还吃上倒账的官司。唯一的热源只剩暖炉而已。我利用晚上上山去捡一些有钱朋友正在兴建新屋时所弃置不用的木板和木屑来充作燃料，本来我应该像他们一样有钱的。

忧虑的结果，引起了失眠症。当半夜醒来，为了使自己入睡，只好到外面走上两三个小时，直走到累极了再回去睡。

我所失去的不只是土地而已，所投入的心血，也都付诸流水了。

银行来查封房子，把我们一家赶了出去。我好不容易才又挣到一点点钱，租了一栋小小的公寓以栖身。我们是在1933年的除夕搬进去住的。当一个人坐在打包的箱子上，脑中浮现了一句母亲经常挂在嘴上的古谚："等到牛奶打翻了之际，才发现就太迟了！"

但是，我打翻的不是牛奶，而是我所有的心血。

过了一段时间之后，我对自己说："你虽然跌到了谷底，但是毕竟忍耐过来了。从今天起，只要全力往上爬就可以了。"

我发现在我所有的资本之中，还剩有一些未为我拿去抵押的东西，那就是健康以及朋友。我应该重新出发，抛弃无意义的后悔。我时时让自己想到母亲那句谚语，以珍惜自己的所有。

我把过去浪费在烦恼上的精力全转移到工作上，而情况也一点一滴慢慢好转起来。现在我甚至感谢自己能有那么悲惨的经验。借着它，我才真正体会到力量、忍耐和自信的真正意义。

我现在已了解跌到痛苦的深渊是怎么回事了，而人类的忍耐力是出乎自己意料的。如今每当我遭遇到任何足以搅乱我心的小小烦恼与不安，我便会回想起当年我坐在打包的箱子上对自己所说的："你虽然跌到了谷底，但是毕竟是忍耐过来了。从今天起，只要全力往上爬就可以了。"这样，就能把忧虑驱逐了。

不要去捡已经掉在地上的木屑。既然已掉落到底了，那么从现在起，就只有往上爬了。

44. 最大的敌人是自己

拳击手　杰克森·田普赛

在漫长的拳击生涯中，我体会到我所迎战的最顽强的敌人是"烦恼"，也领悟到不克服它便会失去力量而和成功完全绝缘的道理。于是，我渐渐找出自己的一套方法，在此向各位说明：

一是为了维持自己在拳赛中的勇气，因此在比赛中对自己加油声援。例如和法波比赛时，我便一直对自己说："不管发生什么事，我都不会输！难道我还会输给法波那家伙吗？就不顾一切地猛打回去吧。"像这种激励自我的方式，对我非常有效。由于这些话已经深深烙在心里，因此几乎真的感觉不到对方出拳的威胁。在长长的拳赛生活中，我的嘴唇曾经被击裂，肋骨被打断，甚至被法波打得飞到场外记者的打字机上，而把打字机压得稀烂。但我都一点也没感到被法波击中。我真正感觉到对方攻击的只有一次。那次我被对手雷斯特·约翰逊打断3根肋骨，但我也不觉得对方的拳多有威力，只是感到呼吸困难而已。这就是我唯一真正感觉到被对方攻击的一次了。

二是提醒自己忧虑有多愚蠢。我的忧虑大致上都是发生在赛前的训练时期。那时到了晚上，我在床上翻来覆去，担心得难以入眠——担心手也许会裂开、脚说不定会被打断、担心第一回合眼睛就被打肿，以致一开始便无法承受对方攻击等等。每当陷溺在这种状态时，我便会离开床去照镜子并对镜子里的自己说："为尚未发生的事，或是也许根本不会发生的事而担心，岂不是太愚蠢了！人生是很短的，谁知道还能活多久，那么为什么不在活着的时候愉快一点？健康是最重要的。健康地活下去吧！"于是，我便告诉自己睡眠不足和烦恼是对健康有害的。每天都不断反复告诉自己这些，久之便完完全全刻在自己的心版上了，而一切的烦恼也都可以让它像流水般地一去不返了。

第三，最为有效的是祈祷。我随时与主交谈——赛前、赛中每回合的铃响前。由于祈祷，我才能够满怀勇气和自信去迎战。到现在为止，我不曾有一天没有祷告便径自上床的。在还没向神感恩之前，也是决不用餐的。神是否接纳我的祈祷？当然！而且他对我的回报还远远超出我所求的。

45. 只要不停地工作……

教师　凯瑟琳·哈尔特

　　从小我就生活在恐惧的阴影中，妈妈由于心脏病，经常突然间就昏倒，我终日担心她会死掉，这样我们就得被送到孤儿院。所以6岁的我，经常暗自祈祷，请上帝保佑母亲不要死掉，让我们不必被送进孤儿院。

　　20年后，弟弟也同样卧病床上，他甚至无法照顾自己。为了减轻他的痛楚，我必须不分昼夜地每隔3个小时帮他注射一次吗啡，就这样持续了两年，但他还是离开了人间。那段期间，我刚好在圣卫理学院教授音乐，每当邻居听到痛苦的哀叫声，就会立刻打电话给我。而我也顾不了是上课还是下课，就立刻冲回家替弟弟再注射一针。每晚睡觉前我都把闹钟调整为3个小时铃响，以便能准时帮弟弟打针。还记得每到冬天，我就会

256

把牛奶放到窗台，经过 3 小时后，牛奶就冷凝成一种软绵绵的冰淇淋，那是我最爱吃的东西，借着这个诱惑，才让我在冬天夜里迅速爬起，而不致耽误正事。

这两年来确实很苦，但我坚持两个原则，使自己不致陷入悲观、消极的深渊里。第一个原则就是不断地工作，借着忙碌来麻醉自我。每天我都安排了 13-14 个小时的音乐课程，这样，就没有时间再去想自己的烦恼。一旦发现自己有忧郁的倾向时，就会反复提醒自己："只要身体健健康康、自由自在，就是最大的幸福，你还有什么不满足的呢？"

第二个原则就是抱着感恩的态度珍惜自己的幸福，想想自己比别人幸运的地方，想想自己所拥有的一切。这样就能敞开心胸，坦然面对一切了。

这位女音乐老师所采用的两个原则就是：不断地工作，让忙碌来麻醉自己，使忧虑不得其门而入；抱着感恩的态度珍惜所拥有的一切，想想自己比别人幸运的地方，这样，就能心怀感激，知足常乐了。

46. 调整自己的心态

卡麦伦·西普

几年来我在加州华纳公司的宣传部工作得相当愉快。我主要的工作是为华纳所属的明星们撰写文章，藉以打知名度。

但突然之间，我被升为宣传部的副理，负责人事改革业务组织，以及管理的重要责任。我感到自己好像肩负起华纳公司宣传方针的全部责任。

我拥有私人的冷气大办公室，两个秘书及 75 位采访员。我有点飘飘然的感觉，立刻买了新衣服，装模作样地摆出派头对人说话。我制定了档案制度，凡事严以律己，连中午休息时，也丝毫不肯松懈。

不到一个月，我就怀疑是否患了胃溃疡甚至是胃癌。工作繁重得很，而感到时间实在少得可怜，这已演变成生死攸关的问题了，我想我并不适合这样的工作。想来，这是我一生中最痛苦的病痛。我的内脏出现了硬块、体重锐减、夜里也无法熟睡。苦痛一直不断折磨我。于是不得不求助于医生了。

这位医生简单地问了我有关症状及我的职业等等，似乎对我的病情还没有对我的职业来得关心。此后半个月，每天他都为我进行检查。在 X 光屏幕透视检查，及其他种种的精密检查之后，终于，他对我提出诊断的结果：

"西普先生！"他把背靠在椅子上，一面递给我雪茄说，"这两周里，已经试过各种检查方式了，可以确定的是您并没有胃溃疡。但依您的性格，大概不给您证据，您是不会相信的。那么，就让我们来看看这些结果吧。"

他说着，便指着一些图表及 X 光片为我详细解释。从那些东西看来，的确是发现不到任何胃溃疡的影子。

"但是，"医师继续说道，"毕竟您是花了不少费用的。对您而言，只有这一点点结论，或许您是不会满意的。所以我能送给您的处方，就是'不要焦虑'一句话而已。"

当我起身要辩驳时，却被他制止了："我知道，你不会立刻就接受我的处方的。因此，为了使您放心起见，我也给您一些药。那只是普通的镇定剂而已，会使神经稍微缓和一些。"

接着，他又说："但是说真的，您的病实在没有服药的必要，您必须做的只是停止忧虑而已，如果再开始有忧虑，那就非来这里不可了，只是我又会再向您收取昂贵的诊断费了。"

过了不久，我很想跑去告诉医师说我已如他所忠告停止了烦恼。但事实上并没有这么简单。此后数周，只要有使我挂心之事，我仍须要借助镇定剂，才能松弛紧张的神经。

但是自己越想越生气——我有异乎常人的高大身材，身高不逊于林肯，体重也近90公斤，这样的体格，却非要借着小小的白色药丸来安定经神不可！每当朋友问及那是什么药时，我实在耻于照实回答。

渐渐地，我开始嘲讽自己："喂！卡麦伦，做这样愚蠢的事，你也未免太小题大做了吧，小小的工作都把它想成这般的严重。贝蒂·戴维斯、詹姆斯·钱宁、爱德华·罗宾逊等人，在你负责他们的宣传之前，便早已是国际上的熠熠红星了。即使今晚卡麦伦突然暴毙，华纳公司和明星们的一切还不是仍然照样顺利进行，一点儿小困难也不会有。想想艾森豪威尔、马歇尔及麦克阿瑟，他们指挥大军作战，可需要药丸的照顾？而你吧，不服用那小小的药丸，便紧张得惊惶失措，那不是很可笑吗？"

于是，我开始以远离药物为荣起来。不久，我便把药都扔入水沟里，并养成晚餐前小睡片刻的习惯，就这样慢慢地恢复了正常的生活方式。此后，我再也没有去求助那位医生了。

但我一直都对那医生深怀感激，也觉得当时所付的昂贵诊察费，实在是太值得了。但最令我敬佩的，还在于他并未嘲笑我的愚蠢。他并没有直截了当地问我："你是不是有什么忧虑？"而是让我自己去揭开自己的底细；他并没有使我当面下不了台，而是指引我一条远离忧虑的道路。他深深了解，正如我也已经知道的一般，治愈我疾病的，并不是那小小的药丸。而是自己调整心态以后，便走出了那层层的阴霾，重获健康快乐的人生。

47. 别想太多了

威廉·伍德

两三年前，我一直被严重的胃痛所困扰，往往因为剧痛以致无法安眠，几乎每晚都由睡眠中醒过来两三次。由于父亲是死于胃癌，因此不由得担心自己是否也患上胃癌——至少会变成胃溃疡吧！于是，我决定到医院接受检查。医生替我进行屏幕透视检查也照了 X 光。他们只给了我安眠药，并告诉我并没有胃癌或胃溃疡的任何迹象，还告诉我说，我的痛苦只是情绪性的紧张，并问我是否在我的教会里碰上了什么困扰的事。

的确，除了每个礼拜天的例行讲道，我还参加所有的教会活动，每周两三回的葬礼及其他的杂务。

我在紧张不断的状态下工作，完全没有任何休息松弛的时间。经常紧张兮兮，几乎到了凡事都要担心的地步了。有时紧张到身体都不住地打颤。一直为此所苦的我，也就欣然接受医师的忠告，规定星期一是假日，并且决定减少各种活动。

有一天，当我正在整理抽屉时，脑中浮现出十分有效的抛掉忧虑的方法。我注视了一下堆积如山的讲道笔记及一些旧便条纸，然后把它们一一揉成纸团扔进垃圾桶内。就在这时，我忽然停下手，一个人自言自语了起来："喂！如果把烦恼像这些笔记和便条一样，揉一揉然后丢到垃圾桶里，将会怎么样？为什么不把过去的一切烦恼，全都扔掉？"

这可以说是由现实的情景触发而来的灵感，我感到卸下肩上重担似的轻松，我决定把这些日子以来难以解决的问题，通通扔进垃圾桶中。

后来有一天，我一边帮太太洗盘子，一边看着边洗盘子边唱着歌的她，这时，我产生了另外的灵感，我对自己说："看看！你的太太看起来不很幸福吗？结婚也快 18 年了，在这 18 年间，她一直在为你洗碗盘。如果在我们结婚时，她预想未来必须每天不断洗盘子的话，结果又将如何？累积起来脏盘子岂不堆积得连仓库也容纳不下了吗？光是想到这件事，必定够厌烦了吧！"

我再对自己说："她之所以对洗碗盘完全不在意，是由于她一天只想一天的份儿。"我抓到自己烦恼的关键，那就是我对今天的盘子、昨天的盘子、再加上还没有脏的明天的盘子，都打算一起去洗的缘故。

我发现了自己的愚蠢，每个星期天我站在讲台上告诉教友

如何生活的方式，而自己却过着紧张及焦虑的日子。我羞愧得
不知如何自处了。

想通了之后，我开始不再忧虑，胃也不再痛了，而且也和
失眠症完全绝缘了。活在今天，就要把昨天的烦恼统统扔到垃
圾桶里，而明天的盘子，也决不需要今天就去洗它。

"明天的重荷加上昨日的重荷，把它们统统放在今天来背
负，不论是多强的巨人，也会负荷不了！"的确，这不是精神
正常的人所能胜任的事。

48. 烦恼于事无补

戴尔·休斯

1943 年，我住进了新墨西哥州阿尔巴坎的荣民医院。当时我不但断了 3 根肋骨，连肺部也受了伤。这个意外是发生在夏威夷群岛举行的水陆两用艇敌前登陆的演习中的。就在我打算由艇上跳下的瞬间，突然袭来一个大浪卷起了整艘登陆艇，我的身子失去了平衡，被重重地摔到沙滩上。由于强烈的撞击，以致有一根折断的肋骨甚至刺到了肺部。

住了 3 个月院后，医生宣告我的病不再有任何的改善，而我以前又是个生龙活虎的人，在院中 3 个月，一天 24 小时却都得仰卧病床，一动也不能动，除了思考什么也不能做。但想得越多，烦恼也越多：我的未来将如何、会不会就这样一生残废、还能不能结婚过正常生活……就这样忧虑地终日愁眉不展。

于是，我一再要求医生把我调到隔壁称为"乡村俱乐部"的病房。在那里伤兵可以随心所欲做自己喜欢的事。

在那间乡村俱乐部中，我对桥牌大感兴趣，花了6周的时间，我学会了玩法并和病友卡柏森讨论有关桥艺方面的书籍。我每天晚上都泡在桥牌中，一直到出院为止。此外，我又对油画发生了兴趣，于是每天下午3点至5点都和老师在一起学习。我也学习用肥皂和木头来雕刻，而光是阅读这方面的书籍便是件十分愉快的事了。由于每天都过得十分忙碌，因此根本没有时间去烦恼身体的病况。我也把红十字会寄赠的书读得烂熟。3个月后，医疗人员来这里看到我都惊讶于病情的改善，纷纷向我道贺。高兴之余，我真想大喊"万岁！"

我想说的便是，当我一动也不动终日躺在床上烦恼着未来时，我自身的情况根本不会有任何改善，反而会由于烦恼而毁了自己的身体。但是一旦我把心放在桥牌上，热衷于练习油画及雕刻时，心情一开朗，病情也随之大有起色。

现在我和每个人一样，过着快乐的生活，我的肺也和大家一样健康无恙。

请记住，萧伯纳说的："悲哀的由来，在于怀疑自己是否幸福。"

49. 让时间解决一切

刘易斯·曼丹特

忧虑剥夺了我 10 年的人生。

这 10 年正是人生的黄金时期——18 岁到 28 岁。直到今天我才终于了解到，把这段光阴浪费在毫无意义的事情上，完全是咎由自取。

我忧虑自己的工作、健康、家人、能力等等，内心一直有股莫名其妙的恐惧感，即使过个马路，都会因害怕遇到认识的人而提心吊胆。就算碰见了，也假装没看见，因为害怕被对方装作不认识而弄得自己尴尬不已。

面对陌生人更是无法自在地谈话。因此曾有三次的工作机会，都因没有面对主管谈话的勇气而白白错失。

但在 8 年前某一下午，我终于成功地克服了烦恼。那天我在一个朋友的事务所中。他所遭遇过的困难，比我严重了好几倍，但他却十分开朗。

1928 年他开创了自己的事业，但不久便身无分文。1933年又再度成为有钱人，但又立刻没落下去。1937 年，又重复同样的命运。破产时，被债权人及仇人四处追赶。一般人可能因承受不了而走向自杀一途，但这种打击对他来说，只是生命中的一点小涟漪。

8 年前与他谈话的那一个下午，在羡慕他的同时，我告诉他希望我也能变得和他一样豁达。闲谈中，他把当年某一天早上他所收到的一封信拿给我看。

这是一封充满怨毒的信，信中都说些莫名其妙的问题。我想，如果是我收到这样一封信，一定会狼狈不堪的。我问他："比尔，你打算怎样回这封信？"

"告诉你一个秘诀，当你为某事烦心时，就拿出纸笔，在纸上详详细细地写出自己到底是为了什么而忧虑，然后把这张纸丢到抽屉里。过两周再拿出来读读看。如果问题尚未解决，就再把它放回去。纸嘛！放个两三周，它本身是不会有任何变化的，但那令你焦头烂额的问题，却会发生许许多多的变化。因此只要耐心等待，多数的烦恼都会像气球一般，最后破裂而消失无踪。"

我非常佩服他的忠告，便从那天起开始实行他的方法。果然，一切的烦恼到最后都不知跑到哪儿去了。

时间会为你解决许多问题，包括你今天发生的天大的烦恼。

50. 生与死之间

约瑟夫·赖安

数年前，我是某一诉讼案件的证人，因为紧张过度及过重的心理压力，以致在案子结束后的回程中，突然心脏衰竭而倒下。

回到家中医生替我打了针，连到起居室的沙发椅都要竭尽全力很辛苦地挨近。当意识恢复时，看见附近的神父正在床边替我做临终祈祷。

家人都面露哀凄之色，我心想我真的没有救了。后来听太太说，当时医生宣布我只剩30分钟左右的生命。因为我的心脏极度衰弱，连说句话或动根指头的力气都没有了。

我原不是信仰十分坚强的人，但我知道一件事——不要和上帝争辩。因此我闭上眼睛，心中默默祈祷着："就依您的旨意吧……如果不得不那样的话，请依您的旨意吧！"

这么一想，反而全身舒畅起来，恐惧感顿失。我静静地自问，在这种情况下，最后的结果将是如何？死亡？也好。蒙主恩召不就可以住进天堂，安享和平了吗？

我躺着等待死亡，但却不再疼痛，于是，我又自问，如果侥幸逃过这一关，该如何善用宝贵的余生？我一定要好好注意健康，不再让紧张和忧虑侵蚀自己。

这是4年前的事了。现在医生看了心电图，很惊讶于我恢复的奇迹。若非当时敞开胸怀，坦然面对死神，恐怕不须等到心脏停止，内心的忧虑早就把自己给活活地杀死了。

约瑟夫·赖安先生延年益寿的秘诀，即是适当运用了本书所描述的神奇的方法——凡事设想面对问题时，所可能发生的最糟的情况是什么。

51. 我才是伟大的放逐者

欧威·泰德

忧虑其实也是一种习惯——我在很早以前便破除了这个习惯。我可以远离烦恼主要得力于：

一、我实在很忙，忙得无暇去忧虑。我有三项重要的职务，仅仅是其中一项，都足以叫人忙得不可开交——哥伦比亚大学教授、纽约市高等教育委员会会长、哈伯兄弟出版社的经理部负责人。因忙于这三项工作，所以没有时间烦恼这个、烦恼那个的。

二、我是伟大的放逐者。从一个工作转向另一个工作时，我会把先前工作上的困扰驱逐净尽，我因而得以休息，得以净化我的心灵。

三、随着一天工作的结束，我训练自己将所有工作上的困扰从心中扫除。如果我每天晚上都将这些问题带回家，我的健康不被搞坏了才怪！

52. 焦虑与坟墓

棒球界名人　柯尼·麦克

　　长达 63 年的职业棒球生涯里，我历经无数的挫折。1880 年刚刚投身棒坛时，根本没有薪水好领。我们在空地赛球，有时会被空罐或旧马具绊倒。比赛一结束，以帽子让观众传递打赏的小钱。这样的有限收入，对于必须抚养母亲及弟妹的我而言，根本是不够的。有时会和队员们一起以草莓或烤文蛤来果腹。

　　回想起来，我真是备尝艰辛：7 年间一直是我担任经理，一旦比赛成绩欠佳，我便吃不下、睡不着。还好，25 年前我及时停止了忧虑；否则，我一定老早以前便进坟墓了。

　　回顾漫长的一生（我是林肯总统时代出生的），我之所以能征服忧虑，是由于我有一些想法：

　　一是我领悟到忧虑不但于事无补，甚至会毁掉健康及前途。二是忙于今日而不追悼昨日。三是我一再提醒自己，在比赛结束后的24小时内决不讨论比赛的得失。早先的经验告诉我，当球赛完毕时，大家的情绪都很激昂，如果在这个当口指出哪个球员有所失误，他必定激动地为自己辩护而闹得不欢而散。所以，现在我学乖了，总要等到比赛结束后第二天，大家都冷静下来时，再心平气和地做番检讨，这样大家就能够勇于接受而乐于改进了。四是对球员们，我以赞美代替责备，尽可能去鼓舞他们的士气。还有，我发现自己愈疲倦就愈容易焦虑，所以，我让自己保有充分的睡眠，除了每晚10小时外，再加上中午的休息。最后，我让自己沉醉于工作里，只要还不到老得糊涂、四肢迟钝，我就不会轻言退休。

柯尼·麦克虽然没有读过这本书，但他却为自己创造出解除情绪负担的完美法则，你不妨也试着列出你自己的一套法则。

53. 治疗胃溃疡及忧虑的方法

威斯康星州·绿弯　亚得·夏普

5年前，我在忧虑的摧残下损坏了健康。医生说是胃溃疡，他采用食物治疗法，叫我喝牛奶、吃鸡蛋，即使吃到腻、吃到怕，也没有好起来。

有一天，我读到有关癌症的文章，发现其中所说的症状，我似乎都具备了。从此以后烦恼更进而变成了恐慌。因此，胃溃疡也自然再度恶化。然后，最后的打击来了——那时24岁的我，因身体不及格而被拒入伍。在本身是身体最强壮的时期却被宣判为孱弱的人。

绝望中的我，看不到一线希望。为什么会陷入这种境地？两年前，我是个快乐又健康的推销员，但后来由于战争货源短缺，所以放弃了推销工作而转入工厂工作。我看不起这个工作，

273

更糟的是，我交了一些抱持虚无思想的朋友。他们对所有事物都看不顺眼，时常贬低工作、抱怨薪水太低、工时太长。不知不觉中我也感染到他们那种悲观思想，以致好像所有的事都不称心。

我渐渐注意到自己的胃溃疡和自己悲观厌世的心态大有关系，因此决定回到自己喜欢的推销工作，并结交一些积极乐观的人。由于此决定而挽救了我的性命，因为心情的完全改变，胃病也改善了。

其实要获得快乐、健康与平安并不困难，只要你心里充满乐观的思想，自然就表现出快活的行为。现在我总算理解耶稣所说的："一个人心里想什么，他就会是一个什么样的人。"这虽然并不容易，为了健康，你何妨试试！

54. 我追求绿色信号灯

乔瑟夫·柯达

我从小开始到了长大以后，一直是个忧郁者。我所忧虑的事物，有些是现实中有的，但大部分则是想象出来的。偶尔没有可忧虑的事情时，我反倒会担心是不是自己疏忽了什么该烦恼的事了。

两年前，我开始了崭新的生活。那是由于我对自己做了一次"精密且公正的性格诊断"，而使自己了解忧虑的根源，并进而根绝它。

问题是，我根本不想活下去：我突然追悔昨日的过错，对未来十分恐惧。常听人说："所谓今天，是昨天所烦恼的明天。"但对我似乎没有什么作用。

有人劝我每天要有计划，也有人告诉我说，只有今天是我唯一可以拥有的一天，这样一来就会忙得没有时间再去烦恼关于过去或未来的种种。那些忠告实在是很有理论性，对我而言，实行起来是很困难的。

然而，正如黑暗中的一声枪响，有一天我突然发现了答案。

1945年5月31日午后7点，在北威斯顿的铁路火车站月台上——对我而言，因为是非常重要的一刻，所以记忆深刻。

我们送几位朋友去搭火车。他们因假期结束，要乘"洛桑杰路斯"号火车回去。那时战争仍然持续着。我和太太一起往列车的前方走去。然后站着看了一会儿闪闪发光的火车头。那时有一个很大的信号灯映入了我的眼帘，它闪烁着黄色的光辉。不久那个光变成耀眼的绿色。那一瞬间火车司机鸣了电铃，随之响起耳熟能详的话："请上车！"

不一会儿，列车驶离了站台而迈向3000公里的旅途。

这时我正在体验奇迹：那位火车司机给了我所追求的答案。他是依赖那个信号灯而奔向前程的。想必他是希望一路绿灯。我明白那是不可能的，因那只能是一种期望。但那位司机对于未来将遇上的红灯并不感到忧虑，因为那顶多会造成些许的延迟罢了。因此，他完全依赖那套信号组织——黄色的信号：降低速度慢行；红色的信号：前方有危险、停止。由此列车的行进是安全的。

我自问道：难道自己的人生就没有这么一套可作为行动依据的信号组织吗？不，上天已经给了我。上帝的旨意——它永远不出故障。于是，我开始寻找绿色的信号灯。

每天早上我靠着祷告得到了该日的绿色信号灯。有时看见了黄色的信号灯就减低速度；碰到红色信号灯时，就停下以防发生事故。

发现了这个道理以后，我就不再杞人忧天了。这两年来，我获赐了 700 次以上的绿色信号。因此在人生的路上，我可以依据信号灯行动，我可以完全仰赖神给我的指示。

55. 洛克菲勒如何延长了 45 年的生命

约翰·洛克菲勒,早在他 33 岁时,已经积蓄了他生平的第一笔百万美元的财产。43 岁时便建立了世界最大的独占企业标准石油公司。但是在 53 岁时,不知怎么回事竟成了烦恼、忧虑的俘虏。充满紧张和烦恼的生活,已经严重地损害到他的健康了。

当时的他,"简直像具木乃伊似的!"传记作者约翰·温克拉这样描述他——

53 岁的洛克菲勒,不幸患上古怪的消化系统毛病,结果不但头发脱落,连睫毛都掉得精光,眉毛也稀稀疏疏地仅剩下一点点。温克拉如此描述:"随着病情的恶化,他甚至只被允许饮用人奶来维生。"他患的是一种神经性的秃头症。由于秃得十分严重,有一段时间只好利用毛巾来裹住头部,后来则花了500 美元制作了一顶银色假发来戴,一直到去世为止。

洛克菲勒原本体格强健。农家长大的他，肩膀挺直宽厚，走起路更是脚步稳健。但就在 35 岁正当壮年时，却已经是两肩下垂，步履艰难了。

"他映在镜中的脸，简直和老人没有两样！"另一位传记作家约翰·富林这样描述他。这是他"不断地工作、不断地劳累、无数的非难和攻击、熬夜、运动及休息不足"的必然结果。这后果终于使得他也不得不屈服了。身为世界首富；吃得比贫民还不如。当时，他的收入已经超过每周百万美元了，但一星期的饮食费却只不过美金两元。所有的食物便是医师所许可的少量的发酵乳及两三片苏打饼干而已。他的皮肤已经失去了光泽，如同皱纸包在枯骨上一般。他之所以还能活下去，完全是靠他舍得花钱来治疗罢了。

为什么会弄到这种地步？原来是焦虑、高血压，以及高度紧张生活所造成的。他一步一步地把自己推向坟墓，23 岁时，他便已朝着他的目标猛进不已了。认识他的人说："他只在赚钱的时候才有笑脸。"在赚了一大笔时，他会高兴得把帽子往床上一扔，活蹦乱跳起来；但一旦赔了钱，就马上懊恼出病来。

有一次，他经由五大湖的水运送出 4 万美元的谷物。但他并未投保，因为他认为 150 美元的保费实在太浪费了。但是当晚，伊利湖狂风大作。洛克菲勒担心这一趟运程将损失惨重。第二天，他的合伙人乔治·戈德纳到办公室时，洛克菲勒正在房内来来回回地踱着步。"快！快！"洛克菲勒喘着气，"现在还可不可以投保，可不可以马上去为我跑一趟？"

　　戈德纳立刻跑去投了保，回到办公室时却发现洛克菲勒反而变得比刚才激动。原来，当戈德纳去投保时，他收到了货物毫无损害地安抵目的地的电报。于是，洛克菲勒认为自己白白浪费了150美元，于是为此牢骚不断。接着他便说他身体不太舒服，回到家后便病倒床上了。其实他当时进行的都是在50万美元以上的大交易，而他却为了这区区150美元的损失，而懊悔到病倒的地步。

　　他也从未把时间花在运动和娱乐上，生活便只有赚钱，以及到主日学校教课而已。有一次他的合伙人戈德纳和三个朋友，花了两千美元买了一艘中古游艇，洛克菲勒非常不高兴，并拒绝乘坐。有个周末戈德纳到他的办公室看到他正在工作，便对他说："喂！约翰，忘掉工作，搭游艇去兜兜风嘛，你心情会很舒畅的。"而洛克菲勒不但毫不领情，且大发脾气地回答："乔治！我从没看过像你这样挥霍无度的人，银行信用早晚会破产，而我的信用也将受你连累。你是不是打算弄垮我们的公司？我不去，我死也不去坐那鬼玩意儿！"然后，整个周末下午，他便一直关在办公室中埋首工作。

　　像这样缺乏生活情趣及长远的眼光，便是他商业化的特征。晚年时，他追忆道；"当时的我，即使在晚上上床后，仍在为事业的成功忧心。"

　　虽拥有百万巨富，却要为是否失去它们而日夜不安，在这种情况下，健康又怎能不受损！他完全和运动及娱乐绝缘：不去观赏戏剧、不打扑克牌、连派对也拒绝参加。正如马克·韩纳所说，在金钱方面他根本是个疯子："在其他方面，他都很正常；但一扯到金钱，他便整个人都疯狂了。"

洛克菲勒曾向他在俄亥俄州克林布兰德的邻人表示："我希望被人喜欢和接纳。"但由于他过度的冷酷和猜忌，使得任何人对他都敬而远之。像摩根就根本避免和他有任何瓜葛。"对这种人，我打从心底厌恶。"摩根很不屑地说，"我根本不想和他做任何的交易。"甚至连他的兄弟也嫌恶他，而把自己的孩子的遗骨迁出洛克菲勒家的土地。他说："在洛克菲勒统治下的土地，我的孩子无法安眠。"

洛克菲勒的员工及同事对他也是无时不战战兢兢。讽刺的是，洛克菲勒终究是洛克菲勒，他也害怕他们——害怕他们泄漏了商业上的机密给外面的人。他打心底不信任人类这种东西。有一次他和独立的石油精炼业者订了十年的契约。他要求对方承诺：对契约的事绝对守密，即使对自己的妻子也绝口不提。"闭上嘴、少说话、努力工作"是他信奉不疑的座右铭。

就在黄金如火山流出的岩浆不断涌向他的金库之际，他的王国崩溃了——大众传播的舆论齐声指责标准石油公司的掠夺的作风，而他和铁路公司的秘密契约，以及对竞争者极端苛酷的手段，也都饱受攻讦。

在宾夕法尼亚的油田地带，没有比洛克菲勒更遭人憎恶的了。他们当真是恨不得拿绳子来把洛克菲勒吊死！憎恨、诅咒、胁迫的信件如雪片般纷纷飞向他的办公室。为了预防不测，他请了贴身保镖保护自己。面对这股憎恶的狂澜，他故作平静，甚至以嘲讽的语气放出狂言："要拒我于千里之外、要说我坏话……那是你们的自由；但希望不要妨碍我的工作！"但他毕竟也是人，终究无法承受那些憎恨而开始烦心了起来，健康也日益受损。

对他而言，这个新敌人、这个由内部啃噬他的敌人——也就是疾病，是个根本无法理解的东西。开始时，他还一边隐藏着有时发作的不适，一边努力工作想藉以忘记它们，但是失眠、消化不良、秃头，这些显示忧虑和衰弱的一切症状，却是不容他否认的。终于，医师要他做一抉择："是要钱跟烦恼，还是要生命？"并警告他必须在退休或死亡两者间做一抉择。他决定退休，但他的健康早已被忧虑、贪欲及恐惧破坏得差不多了。

美国名作家爱妲·塔蓓儿在和他见面之后，吃了一惊："他的脸孔多么苍老！他是我所见过的最苍老的人。"老了吗？决不！当时他比收回菲律宾时的麦克阿瑟还年轻四五岁，但是他的肉体已经到了令塔蓓儿同情的地步了。当时，她是为了搜集攻击标准石油公司及其所代表的独占企业的资料而来的，本是不可能对这个创设了"章鱼般多足"的庞大企业之主抱有任何好感的。但当她看到洛氏在主日学校里，一面窥伺旁人脸色，一面授课的姿态时，也不禁"变得意外地对他有一份同情，而且这种感觉愈来愈强烈。我觉得他十分可悲。世上恐怕没有比恐惧更可怕的伴侣了。"

医生开始着手拯救他的生命。他们给他订了三项规则。而洛克菲勒也开始切切实实地在他的余生尽力严格遵守规则：

第一要避免忧虑。不论在任何情况下，都决不烦恼。

第二必须保持整洁。多做户外活动。

然后还须注意饮食。要节制而不过量。

约翰·洛克菲勒遵守了这些规则，停止了对自我的摧残。他退休了，开始学打高尔夫球，开始从事一些园艺，也开始和邻居搭讪闲聊，有时也打打扑克牌或是唱唱歌。

但是，他所努力的并非如此而已，温克拉说："洛克菲勒由于白天身体上的痛苦及夜间的失眠，使他知道了反省。"于是，他开始想到一些有关别人的事，也是他有生以来首次思考金钱与人生幸福的关系，而不再只是一个劲地想赚大钱了。

总之，洛克菲勒开始不吝于施舍。开始时，并不顺利，当他要捐款给教会时，却引起了全国圣职人员一致拒绝他的"不义之财"的呼吁。但是洛克菲勒仍继续汇去。当他听说密歇根湖畔一所小小的大学，因周转不灵而前景堪忧时，他又适时伸出援手，捐出了上百万美金。这就是如今闻名世界的芝加哥大学诞生的经过。他也对黑人们伸出了友爱之手。为了继承乔治·卡佛的事业，他捐款给达斯克基大学等黑人学校。他也致力于钩虫的扑灭。当时钩虫病的权威杰鲁士·W·史泰尔博士表示："钩虫病正在南部各州蔓延，如果能分配给他们每人半块钱的药物，就可以治疗好了。有哪一位仁人君子愿意为我们提供这笔经费呢？"洛克菲勒于是响应他，捐出数百万美元的巨款，终于解除了这个南部各州长久以来最大的苦难。更进一步地，他设立了"洛克菲勒基金会"，向全世界的传染疾病及无知挑战。

当我提到这个基金会，也不得不深为感动。因为我的生命也是仰赖它而保全下来的。1932 年，当我抵达中国时，北平正在流行霍乱，中国农民不断地死去。就在极端恐怖中，洛克菲勒医学大学来此实施霍乱预防注射，不分中国人或外国人，都能享有这一项恩惠。到那时我才了解洛克菲勒的巨大财富，已经如此地广为世人所共享。

有史以来，尚未有能和洛克菲勒基金会相提并论的团体，它是独一无二的。洛克菲勒深知有许多深入世界各地的理想主义者所开展的事业，如各种研究、兴建学校、扑灭传染病等等。但是这些公益事业却常因资金不足而受挫。于是洛克菲勒决心资助这些博爱的开拓者。他并不是并吞他们的事业，而是给予他们资金帮助他们自立。今天，我们真的必须感谢他，由于他在金钱上的资助，才有如盘尼西林等许多有益世人的发现。过去患者的存活率仅 4/5 的可怕疾病脊髓炎，也终能治愈了。关于疟疾、结核、流行性感冒、白喉等许许多多医疗技术的进步，也都该感谢他的促成。

那么，洛克菲勒本人变得如何了？是不是借着奉献而获得内心的平静了？是的。他终于尝到了满足感"如果还认为 1900 年以后，他仍然在为对标准石油公司的那些攻讦而心烦忧虑的话，那就大错特错了！"亚兰·奈文斯如是说。

洛克菲勒十分幸福。他完完全全变了一个人，决不再烦恼。即使是他一生中最大一次的失败时刻，他也没有让它来妨碍自己的睡眠。

当时他所创设的那家庞大的标准石油公司，被联邦政府判定抵触了"独占禁止法令"而课以史上最重惩罚。这是场全国律师精英都使尽浑身解数的大决战，诉讼期之长是过去所未有的。但是最后标准石油公司仍是败诉了。

当法官宣告判决时，被告的辩护律师担心洛克菲勒一定受不了这次的打击。因为他们不知洛克菲勒的个性已经完全转变了。

当晚，其中的一个律师打电话给他。那位律师尽可能平静地把结果向他报告，最后并且用十分担心的语气来安慰他："请您不要太在意这件事，洛克菲勒先生。希望您能好好休息一下。"

但是洛克菲勒呢？他"哈哈哈"地笑了起来："担心是没有用的，约翰逊先生。我正打算好好睡他一觉。你才真正不要太担心，好好睡吧！"

这就是过去曾为损失了 150 元便不甘心得病卧在床者的回答。洛克菲勒由于克服了忧虑，而为他带来了更旺盛的生机。53 岁濒死的他，此后一直快乐地活到了 98 岁。

56. 无形杀手

波尔·萨姆逊

一直到 6 个月前，我都还马不停蹄地奔波，根本没有放松过自己。每晚都身心疲惫地回到家中。因为从来就没有人告诉我："喂，波尔，你想自杀吗？为什么不减少工作，放松放松自己？"

每天早上我都急急忙忙地起床、急急忙忙地吃早餐、刮胡子、换衣服，然后急急忙忙地出门上班，好像深怕从车中飞出般地死命抓住方向盘，把车子开得像赛车般飞快。工作时也紧张兮兮，下班时也一样慌慌张张地回家，直到睡觉时仍巴不得自己赶快入睡，几乎没有一件事不是在仓促中完成的。

由于老是紧张过度，于是我便去求助神经科医师。医师告诉我必须轻松一点，不论是工作、吃饭、睡眠，都不可以忘记放松自己。他也警告我，不放松自己，无异于慢性自杀。

从此以后，我开始学着放松自己，每晚使自己在轻松的状态下入睡，因此每天早晨醒来都十分清爽舒畅。不论吃东西、开车，也都放松自己，不再全身绷紧地去做事了。一天中我会几次停下手边的工作，反省自己是否真正完全放松了自己。如果电话铃声响起，我也不再像过去那样唯恐被他人先接去似的扑过去抢话筒，和人交谈时，也能轻轻松松地倾听对方的话。

结果，我的人生变得相当愉快。因为我已完全摆脱了紧张和忧虑的折磨了。

57. 奇迹真的发生了

蒙西丝·巴夏：

　　我曾深陷苦恼的魔掌中而心乱如麻、毫无任何生活乐趣。我的神经紧张到了极点——晚上无法成眠、白天也无法放松。三个小孩寄养在远方亲戚家。当时我先生因刚从军中退伍，想在其他城市开业当律师。处于战后再出发时期的我，十分惶惑不安，影响所及，不仅为先生及孩子的生活抹上一片阴影，且连自己的人生也陷入了危险之境。所有的事情都因我而起，我虽然在痛苦中拼命挣扎，但结果却只有增加害怕会失败的恐惧感。也曾想负起责任好好工作，但结果总被不安所吞噬。我变得无法信任自己，认为自己是个彻底的失败者。

　　当眼前一片黑暗时，母亲为我点燃了一把希望之火，使我的斗志再次苏醒过来。她平静地对我说，"你难道甘心就这样服输了吗？为什么不敢站起来和现实好好战斗一番？"

这些话激励了我，于是我告诉双亲，从此凡事我自己动手，请他们回家去。然后我做了以前一直深信做不到的事——我一个人非照顾三个幼小的孩子不可，所以晚上睡得好也吃得下，渐渐恢复了元气。

一周后，双亲来看我的情形，我正边熨衣服边唱着歌，那是多么幸福的画面啊！我决不会忘记这次的教训——勇敢面对问题。

此后我努力埋首于工作。终于我唤回了孩子，决定和先生一起开创新的生活。我恢复了健康，决心使先生获得家庭的爱，使自己成为幸福的家庭主妇。于是，我兴致勃勃地着手新的家庭生活计划。再无暇烦恼。自此，真正的奇迹发生了……

我和先生同心协力、日益相契，早上一起床便充满喜悦地迎接新的一天。偶尔疲倦的时候也会被阴郁所侵袭，但终会告诫自己甩掉那些无谓的烦恼。如此一来，那些愁惨的情绪便渐渐散去，终于消逝不见。

从那时起的一年来，我拥有事业一帆风顺的丈夫，即使一天工作 16 小时，也能乐在其中。因为他是为幸福的家庭及三个健康活泼的孩子而奋斗。我当然是很满意这种幸福的新生活。

58. 富兰克林如何克服自己的烦恼

（这是富兰克林寄给约瑟夫·布里斯特利的一封信。他向富兰克林请教工作上的问题，富兰克林在回函中告诉他解决问题的方法。）

对于阁下所询问的问题，敝人自认为在这一方面的基本知识颇为贫乏，因此无法建议阁下应否接受，但却可以建议应以何种态度来处理这件事。以下是个人的经验谈。通常会发生这一类令我们棘手的麻烦，主要是由于当我们在衡量该问题时，并不是赞成、反对双方的理由同时浮现脑中，而是一下子一方，一下子又出现了另一方的理由，以致把原先那一方的念头给压了下去缘故。总之，各种念头在心中不断地相互冲突消长，总使得我们深感为难而不知所措了。

对付这个困扰，敝人采用的是把一张纸一分为二，一张写赞成意见，而另一张则写反对意见。在斟酌该问题的三四日间，偶尔掠过的一些念头，也同样地把它们列入纸上。然后就这些或正或反的意见加以权衡。如果赞成的一项相当于反对的一项时，这两项便可同时抵消；当一项赞成相当于两项反对时，便三者一起划掉；两项反对和三项赞成判为相当时，则把五项一起舍去。

如此一来，便得到了最后的决算表。在经两天考虑之后，只要没有什么重大变化，便可以做最后决定了。那些理由的大小轻重无法用十分明确的数字来加以计算，但至少可以逐个来加以比较。同时因为所有的正反两方意见都一目了然，所以有助于做最妥善的判断，而减低情急之下草率做出结论的弊端。

事实上，敝人即是借着这可以称之为"判断代数"的方程式，而获得了极大的益处。

最后，衷心祈祝阁下能做出最佳的决定！